U0216349

国家自然科学基金青年项目（批准号：72103009）资助成果

ESG投资的中国实践

基于价值创造视角

巴曙松 王志峰 张 帅 著

厦门大学出版社 XIAMEN UNIVERSITY PRESS
国家一级出版社
全国百佳图书出版单位

图书在版编目（CIP）数据

ESG投资的中国实践：基于价值创造视角／巴曙松，王志峰，张帅著．-- 厦门：厦门大学出版社，2024.2
ISBN 978-7-5615-9221-2

Ⅰ．①E… Ⅱ．①巴… ②王… ③张… Ⅲ．①环保投资-研究-中国 Ⅳ．①X196

中国版本图书馆CIP数据核字(2024)第014097号

责任编辑 施建岚
责任校对 唐睿涵
美术编辑 李夏凌
技术编辑 朱 楷

出版发行 厦门大学出版社
社 址 厦门市软件园二期望海路39号
邮政编码 361008
总 机 0592-2181111 0592-2181406(传真)
营销中心 0592-2184458 0592-2181365
网 址 http://www.xmupress.com
邮 箱 xmup@xmupress.com
印 刷 厦门市竞成印刷有限公司

开本 720 mm×1 020 mm 1/16
印张 13.75
插页 1
字数 161千字
版次 2024年2月第1版
印次 2024年2月第1次印刷
定价 66.00元

本书如有印装质量问题请直接寄承印厂调换

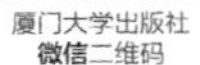
厦门大学出版社
微信二维码

厦门大学出版社
微博二维码

前　言

从全球范围来看，绿色与可持续金融进入加速发展期，ESG投资[①]正在从理念转变为行动。ESG投资的兴起拥有多个方面的关键驱动力，包括自上而下的国家政策导向和自下而上的市场投资机会。宏观层面，随着我国“双碳”目标的确立，ESG也成为助力中国实现“碳中和”的重要抓手。在微观案例上，企业的非财务指标，特别是ESG指标，对企业价值的影响越来越大。从投资的视角看，ESG基金、ESG理财产品等产品类型日益丰富，将ESG纳入投资决策全流程已经成为大势所趋。

随着ESG投资的发展，不少有待解决的问题凸显，受制于

① ESG投资，是指在投资研究实践中融入ESG理念，在基于传统财务分析的基础上，通过E(environmental)、S(social)、G(governance)即环境、社会和公司治理三个维度考察企业中长期发展潜力，希望找到既创造股东价值又创造社会价值、具有可持续成长能力的投资标的。

信息披露、数据标准等现实因素，在ESG评价和ESG投资溢价领域，学术界和实务界尚未形成充分的共识，在一些重要议题上甚至存在着较多分歧。具体体现在：不同评价机构在议题设定上存在着较多分歧，针对同一家上市公司的ESG评价结果存在分歧，甚至得出截然不同的结果，就ESG投资策略的有效性存在着分歧，就ESG资管产品是否具有溢价存在着分歧。

为推动践行ESG发展理念，在我的具体推动和组织下，2021年北大汇丰金融研究院和腾讯金融研究院合作成立ESG基金课题组，尝试探索性地梳理适合于中国基金产品的ESG基金评价标准，研究成果《ESG基金：国际实践和中国体系构建》已在中国金融出版社正式出版。

在《ESG基金：国际实践和中国体系构建》的基础上，本书从价值创造视角，聚焦ESG投资的价值效应，综合运用文献分析、案例研究、实证研究等方法，跟踪ESG对于上市公司价值、权益型和固定收益型ESG产品的投资溢价等现实问题，基于中国市场的数据和案例，尝试以系统性、科学性的研究支持ESG投资与中国经济高质量发展的契合性。

本书共分为11章，在对理论文献进行综述、对业界动态进行跟踪的基础上，尝试建立中国ESG投资数据库，定量刻画ESG负面事件与上市公司股价波动、上市公司ESG评价与企业价值、ESG筛选策略在中国A股市场的有效性、基金ESG评价、ESG在固定收益领域中的适用性等内容，全面分析ESG投资的价值创造效应。

本书的研究由我具体组织，在这个过程中，得到多方面专家的帮助和他们提出的有价值的意见和建议，其中包括中诚信集团首席执行官马险峰、工银瑞信基金管理有限公司总经理高翀、北京金融街研究院执行院长于合军、深圳市绿色金融协会秘书长陈海鸥、金鹰基金董事长姚文强、中航信托首席研究员研发总监袁田、时任腾讯金融科技副总裁杨峻、华夏基金 ESG 研究主管赵梦然、嘉实基金 ESG 研究部负责人韩晓燕、华宝基金创新研究发展中心 ESG 高级分析师王咏青、中信证券首席数据科技分析师张若海、有机数执行总裁胡若菡、腾讯舆情团队。对各位专家提出的建设性意见，我们表示衷心的感谢！

本书的总体研究提纲由我拟定，并由张帅和王志峰具体协助我来组织研究，主要由我的一些学生共同参与研究，其中包括王志峰、张帅、赵文耀、柴宏蕊、鹿学颖、胡志国、陆雨田、杨洲清、黄冠群、杨阅兵、张琦杭、何家榕、方云龙、赵锐、司小涵、徐琪、朱茜月、徐鹏越、郭舒怡、雷鸣、强音、陆雨田、何畅、李楚杰、徐舒昂、代杨龙、高思琴。为了尽可能减少书中的错误，本书还专门组建了修订勘误团队，具体成员包括何家榕、赵文耀、柴宏蕊、鹿学颖、张帅、郭舒怡、方云龙、司小涵、陆雨田、陈文曦、姜蕾、郝雯清。另外，腾讯金融研究院袁帅、翟田雪、潘宇峰、崔斌参与了讨论、调研等工作。

当前我国 ESG 发展仍处于起步探索阶段，包括国际社会如何凝聚共识，如何推动绿色金融分类标准趋同、推动更多可信赖的 ESG 数据披露，如何推动绿色金融产品的创新发展等在内的现实问题，都需要政府、监管机构、智库、企业集思广益，共同努力。

我们相信，在迈向碳中和的过程中，金融市场以及不同类型的金融机构可担当更为积极和重要的角色，而业界有效的合作是实现绿色及可持续发展的必要条件。我们将持续跟进 ESG 领域的研究进展，以期为行业参与者提供有价值的研究。当然，文中所有观点仅为参与人员个人作为研究人员的看法，不代表任何机构，研究中的错误与不足在所难免，也欢迎读者热情指正，谢谢！

巴曙松

2023 年 7 月

目 录

ESG投资的理论文献综述

• 自 ESG 理念诞生开始，越来越多的学者聚焦企业 ESG 表现与公司价值之间的联系，包括财务表现、治理特征、公司风险等。在 ESG 投资日益融入全球投资体系的背景下，本章梳理 ESG 投资的理论基础和重要文献，总结最新的研究进展，为后续的实证研究提供文献支持。

1.1 ESG 表现对企业价值影响的研究

大量研究证实，企业 ESG 表现会对公司价值产生正向影响。Albertini(2013)的实证研究显示，公司在环境治理保护方面的水平与公司的财务绩效表现成正比。Nollet 等(2016)发现提升公司治理水平对企业的财务绩效有正向作用。在一篇综述文献中，Friede 等(2015)总结了 1970 年以来 ESG 与企业财务绩效的 2200 份相关研究，发现其中 90%的文献证明 ESG 表现与财务绩效存在显著相关性，且大部分呈现正相关。关于 ESG 表现与企业财务绩效之间关系的争论源于三个理论。其中以"代理成本"和"股东至上"为理论主张的研究者认为，企业 ESG 实践所付出的成本对于企业实现利润最大化并无帮助，违背了股东利益最大化的原则，因此认为 ESG 实践与企业财务绩效之间存在负相关或不显著的关系(Pástor et al.,2020)。而以"利益相关者"理论为基础的研究者则认为，企业 ESG 实践具有信号效应，其传递的企业在声誉和企业文化等方面的信息能够使利益相关者受益。

国内学者也从不同视角探讨了企业 ESG 与财务绩效之间

的关系。邱牧远和殷红(2019)发现,提升企业的ESG水平能够降低企业的融资成本,同时提高其市场估值。李井林等(2021)基于企业创新视角研究发现,企业的ESG表现及其涵盖的三个主题,即E、S、G,均能较为显著地提升企业盈利水平,并促进企业创新技术的发展。袁业虎和熊笑涵(2021)指出,公司如果提高ESG水平,有望在公司绩效上取得更好的表现。白雄等(2022)提出,ESG具有价值创造功能,企业的价值与其ESG表现在一定条件下呈现正相关关系。高杰英等(2021)研究发现,良好的ESG表现可以降低企业代理成本,并缓解融资约束问题,从而提升企业的投资效率。宋科等(2022)则从银行流动性创造的角度出发,考察ESG投资的效用,发现ESG投资具有创造流动性的价值属性,并且在经济政策不稳定性加剧时期能更为显著地促进企业流动性的创造。谢红军和吕雪(2022)从国际竞争的视角出发,发现ESG能够帮助企业在国际上获取竞争优势,较好的ESG表现能显著且稳健地扩大企业对外投资的规模。张晶和刘学昆(2022)研究发现,ESG评分高的公司,其债券在未来一段特定时间内的最大可能损失会显著下降。陶春华等(2023)以我国A股上市公司为样本,构建多元回归模型,发现企业的ESG评级越高,审计费用越低。

1.2 ESG对公司价值传导机制的研究

根据贴现现金流模型，公司ESG表现对企业价值的影响可以分解为现金流量、风险和资本成本传导机制三个部分。

现金流传导机制是指ESG表现能够通过提高上市公司盈利能力这一渠道来提升公司价值。Crook等(2008)认为企业在社会责任方面的良好表现可以有效地提高公司盈利能力。Gregory等(2014)的研究指出，ESG表现较好的公司比同行更具有竞争力，这种竞争力可能来自其对原材料及人力资源的高效运用，可能是其较好的风险控制及公司治理能力。Wong等(2020)分析了2005—2018年马来西亚上市公司中获得彭博ESG评级的上市公司表现，发现ESG表现较好的企业在获得ESG认证后，企业相对价值的托宾Q值[①]相应增长31.9%，同时平均资本成本则降低1.2%。Pathak和Gupta(2022)发现，企业ESG表现越好，应计盈余管理水平越低，从而提升公司绩效。

风险传导机制，即上市公司的风险控制能力与其ESG水平

① Tobin's Q，企业股票市场价值与企业资产重置成本的比率，反映企业未来成长性的指标。

具有一定的正相关性，具体表现为降低风险事件的发生概率会减少对公司股价的影响，同时减少尾部风险。Peloza（2006）发现，企业在环境保护、员工福利等方面的付出有益于降低公司声誉风险，从而提升其市场价值。Stellner 等（2015）认为 ESG 评级较高的企业可降股票波动利差，增强投资人信心，从而降低信用风险。Serafeim（2015）发现，ESG 指标与风险因子 β 系数呈负相关，即市场风险随着 ESG 信息的披露而降低。Ferriani 和 Natoli（2021）分析了新冠疫情期间投资者偏好，发现投资者倾向于将低 ESG 风险的基金作为对冲风险的工具。Shakil（2021）以石油和天然气公司为样本，分析了 ESG 表现对公司财务风险的影响，认为 ESG 表现良好可以缓解公司系统性风险。

资本成本传导机制，即系统性风险的高低与 β 系数大小保持一致性，前者较低时，后者也处于较低值，同时投资者对于回报率的要求也较低，因此降低了公司的资本成本。Skaife 等（2004）研究发现，财务信息的透明度，以及董事会的独立性都会降低股权融资的成本。Cheng 等（2014）和 Dimson 等（2015）则发现，企业在 ESG 方面的投入非但未增加财务支出，反而能够显著降低总财务成本。El Ghoula 等（2011）研究发现，企业 ESG 表现确实会在一定程度上降低融资成本，而且在市场和制度越不完善的条件下，二者之间的联系会越强。

相关的国内文献基本也遵循上述思路。

现金流量传导机制方面，一些文献基于利益相关者理论，认为良好的 ESG 表现能够提高企业财务绩效以及企业价值。王晓红等(2023)指出,企业良好的 ESG 表现可以降低代理成本,从而提高企业内外部资源的使用效率。谢红军和吕雪(2022)则从上市企业国际竞争力角度出发,研究发现:跨国公司提升其 ESG 表现,能够帮助自身克服外来者劣势,从而取得竞争优势。

资本成本传导机制方面,国内文献支持良好的 ESG 表现通常对应更少的融资约束和融资成本。高杰英等(2021)从企业代理问题角度进行分析,认为良好的 ESG 表现能够降低企业的代理成本。李井林等(2023)从企业债务融资的角度出发指出,提高 ESG 表现可以缓解企业融资的约束问题,提高企业的信息透明度,从而减少企业经营风险,提高企业经营绩效。王爱萍等(2022)基于声誉理论,认为企业通过 ESG 表现能够降低负面事件给企业带来的损失,进而降低企业的债务融资成本。此外,王翌秋和谢萌(2022)系统分析了股权融资和债券融资,认为 ESG 信息披露相较于债券融资,对股权融资的作用更大。

风险传导机制方面,现有文献支持如下结论:企业较好的 ESG 表现能够显著降低股价崩盘风险,减少违规事件的发生,缓解负面事件对企业的冲击(宋献中 等,2017;吴珊 等,2022)。张丹妮和刘春林(2022)在期望违背理论的基础上,研究发现企业的社会责任报告评级与违规事件下企业受到资本市场的影响呈正相关。张学勇和刘茜(2022)指出,公司通过加强披露碳信息的方式，可以解决信息不对称、财务约束等问题，从而提高企业价值。凌爱凡等（2023）通过研究新冠疫情期间基金绩效的表现，发现ESG能够缓解危机事件对基金业绩造成的负面冲击。谭劲松等（2022）从企业资源获取的视角，发现良好的ESG表现能够帮助企业提高从消费者、供应链、投资者和政府等利益相关者手中获取资源的能力，提高经营利润，降低企业风险。然而，企业社会责任在短期内可能增加企业经营成本，因此当重大外部冲击发生时，ESG表现好的企业是否将面临更大的冲击仍是一个有待检验的问题。

1.3 ESG对资产价格影响的研究

1.3.1 ESG投资策略有效性研究

ESG投资是基于公司环境、社会和治理标准，识别具有高度社会责任特征的公司的投资方法（Renneboog et al.，2008；Nicholls，2010）。

目前，国外已有部分文献围绕ESG投资策略的有效性展开了讨论。Kumar等（2016）发现，ESG披露情况较好的上市公司往往建立了有效的监管机制和内部控制体系，这种具有可持续性的经营模式不仅有助于公司的长期发展，也为投资者带来了稳定的回报和较低的投资风险。摩根士丹利资本国际公司（简称“明晟”）（Morgan Stanley Capital International，MSCI）（2020）对 ESG 投资策略在企业债中的应用进行了分析，发现高 ESG 评分的企业债可以实现更低的超额风险，这意味着投资高 ESG 评分的企业债可以降低投资组合的整体风险水平，并可能带来更高的回报。Kanno（2023）认为 ESG 绩效可有效预测公司违约风险。

但并非所有文献都支持 ESG 投资策略的有效性。如 Baker 等（2018）证明美国绿色市政债券的发行价格比普通债券更高，而环境得分较高的证券预期收益较低。Wang 等（2022）基于彭博对 A 股的 ESG 评分构建了等权重、价值加权、最小方差和风险报酬时机策略四类组合，发现高 ESG 组虽然方差和尾部风险偏低，但样本外回报和夏普比率也会偏低，ESG 筛选反而破坏了投资组合的价值。Zhang 等（2022）研究发现，高 ESG 评分并不一定意味着高资产收益，即 ESG 评分与资产收益之间存在一种非线性的关系，投资者不能仅仅依靠高 ESG 评分来获得超额回报，还需要考虑其他因素。

国内学者也尚未就 ESG 投资的有效性得出统一结论。周方召等（2020）发现，在 A 股市场中，员工责任得分较低的公司，反而股票未来收益更高，这种异象缘于市场错误定价，且后续会出现收益反转。而齐岳等(2020)构建了基于ESG理念的合格境内机构投资者(qualified domestic institutional investor,QDII)基金，认为该基金可以在同等风险基础上获取更高的收益。李瑾(2021)的研究结果显示，市场中同时存在ESG风险溢价和额外收益。具体而言，未获评公司的股票平均收益率相对于获评公司更高，这表明市场存在ESG风险溢价；而高评级公司的股票收益率相对于低评级公司更高，这意味着ESG因素能够带来额外收益。

1.3.2 基金ESG溢价研究

部分文献发现，基金买入ESG评级高的股票，能够产生一定的ESG溢价。Tim和Robert(2016)对比了ESG基金和非ESG基金业绩表现情况，发现考虑ESG因素不仅不会影响基金的业绩，反而会提高风险调整后的回报水平，即选取ESG评级较高股票的投资策略平均每年会增加约0.16%的收益。Kempf等(2010)采用买入ESG评级高的股票、卖出ESG评级低的股票的简单策略，发现每年可贡献高达8.7%的异常高回报，这意味着即使将合理的交易成本考虑在内，ESG投资的超额回报仍然是十分可观的。Serafeim(2020)使用MSCI的ESG评级数据库和Truvalue Lab的情绪数据库，研究了超过10万只公司股票自2009年1月至2018年6月的业绩情况，发现由做多ESG评分高且公众情绪动量为正的股票、做空ESG评分低且公众情绪动量为负的股票构造的多空组合会获得显著正α，且情绪ESG因子与其他价值、价格动量、规模因子、盈利能力因子不相关。Abate等(2021)使用数据包络分析研究了634只欧洲共同基金，将基金按晨星ESG评级分为高、低两组，比较业绩表现后发现，高ESG等级基金的表现显著好于低ESG等级基金。

除主动型股票基金外，固定收益类和指数型的ESG基金也能获得较好的收益。Inderst和Stewart(2018)发现，将ESG因素纳入固定收益投资分析的框架之中，能够提高基金产品的收益回报水平。Jain等(2019)发现，关注可持续指数的ESG类基金产品的投资组合比关注传统指数的基金产品回报更高。

反对意见则认为，ESG基金产品并不能产生明显的溢价。Bannier等(2019)收集2003—2017年超过7000家上市公司的数据，发现根据ESG得分构造的多空组合的业绩表现显著为负，且负收益主要源自做空具有较高正回报的低ESG评级公司。De Souza Cunha和Samanez(2013)研究巴西的数据发现，尽管ESG投资基金在增加流动性和降低可分散风险上存在一定优势，但ESG基金并没有获得明显优于传统基金的业绩。Cornell(2020)则指出，由于ESG基金的投资者重视社会收益会降低其对经济收益的预期回报水平，其通过在投资组合中配置更多ESG评级高的资产来提高基金业绩的尝试通常无法实现。

还有一些文献认为，基金关注ESG因素可能会产生额外成本或效率损失。López等(2007)认为关注ESG因素会在不能对公司业绩产生显著量化影响的领域投入过多，导致在短期内处于经济劣势，进而影响ESG基金产品的表现。Hong等(2009)研究发现，ESG基金管理者追求财务目标和社会目标的多任务性质会削弱其追求经济效率的动机，进而增加代理成本，而这种代理成本导致ESG基金的回报率比传统基金更低。Hong等(2021)的研究指出，强制实施ESG准则的投资基金将被限制可投资领域，进而使得投资组合的整体效率受到负面影响，因此ESG投资基金将比传统基金产品具有更低的回报率和更高的风险。

此外，亦有研究认为ESG基金绩效与基金投资的市场、行业、统计时间区间有关。Auer和Schuhmacher(2016)使用2004年8月到2012年12月的全球公司数据，根据Sustainalytics的ESG评分构建投资组合并比较夏普比率，发现基金投资的地理范围与行业对ESG基金的表现会产生影响：在亚太地区和美国，高ESG等级基金并没有显著优于低ESG等级基金；在欧洲，高ESG等级基金甚至表现更差。究其原因，他们认为在某些行业投资高ESG等级基金意味着更高的成本。Becchetti等(2015)使用1992—2012年22000只基金的业绩数据，将基金分为传统基金和社会责任投资基金，利用近邻匹配算法，发现社会责任投资基金在2007年金融危机后表现优于传统基金。

1.3.3 债券ESG溢价研究

在固定收益市场中，大量研究已经探讨了绿色债券对债券信用利差的影响。一些学者关注了绿色债券的溢价现象，即其对于传统债券是否存在价格溢出的情况。如MacAskill等(2021)对2007—2019年的绿色债券溢价进行了系统调研，发现在一级市场中绿色溢价差异很大，二级市场中的平均绿色债券溢价为1～9个基点。Immel等(2021)分析绿色债券数据集，发现ESG评级对债券息差具有显著影响：加权ESG得分每增加1个百分点，利差就会缩小6～13个基点，且这一结果是由该公司的治理，而不是绿色债券发行人的环境友好性影响的。Kanamura(2020)的研究表明绿色债券与传统债券之间存在明显的价格差异，绿色债券的价格相对于传统债券来说更高。然而，随着越来越多的发行人涌入绿色债券市场，投资者的选择变得更加多样化，绿色债券的价格优势在逐渐减弱。Löffler等(2021)使用来自650家国际发行人的约2000只绿色债券和18万只非绿色债券，应用倾向得分匹配和粗化精确匹配的方法，发现绿色债券较传统债券的发行规模更大，发行人评级更低。Grishunin等(2023)以2007—2021年33个欧洲国家共3851只公司债券(包括绿色债券和传统债券)为样本，采用线性回归分析的方法，发现欧洲气候公司债券的定价低于相同风险的传统公司债券，收益率受信贷质量、票面规模、债券期限、市场流动性和宏观经济变量等影响。Agliardi E.和 Agliardi R.（2021）发现绿色债券除了对可持续投资发展有益，还间接有助于提高公司的债务质量和信誉，在市场波动时期增强债券稳定性。

随着绿色债券市场的不断发展，许多学者对绿色债券的影响因素展开研究。

在经济因素方面，已有研究发现市场流动性、债券信用评级、绿色债券透明度等均会对绿色债券溢价产生影响。Febi 等（2018）分析了市场流动性风险对绿色债券收益率的影响，发现绿色债券流动性风险与收益率正相关。Huynh 等（2022）发现债券信用评级与绿色债券溢价正相关。信用评级越低，绿色债券溢价越低，即投资者更愿意为信用评级较高的绿色债券支付更高价格。Jankovic 等（2022）研究了欧盟政府绿色债券市场上债券透明度对绿色债券溢价的影响，研究发现绿色债券透明度越高，收益率越低；此外还发现信用评级越低、期限越长、赎回价格越低的绿色债券收益率越高。Reboredo 等（2020）发现相比于传统债券，绿色债券可以提供多元化收益，从而降低债券投资者的风险。

在环境因素方面，绿色标签的可信度尤为重要，绿色债券的 ESG 评级、认证标志都会对绿色债券溢价产生影响。Bachelet 等（2019）将绿色债券分为认证和非认证两类，发现相比未被认证的绿色债券，已认证的绿色债券具有更高溢价。Hyun 等(2021)就绿色标签对债券收益率的影响展开研究，结果表明，未贴标绿色债券可能具有更高的收益率。Koziol 等(2022)以德国绿色国债为研究对象，研究该债券溢价的决定性因素，结果表明溢价主要取决于较强的环境意识和较高的到期收益率。

1.4 ESG 信息披露及其影响的研究

金融机构是企业 ESG 报告的最大使用者，ESG 报告质量直接影响其实施绿色金融战略的成效(黄世忠，2022)。如何甄别 ESG 报告的信息披露质量，已然成为金融机构的新挑战。

现有研究大多围绕 ESG 信息披露的经济后果展开。黄珺等(2023)的研究表明，良好的 ESG 信息披露对企业经济后果具有显著的积极影响，不仅可以提升企业价值，还可以降低企业融资成本。孙慧等(2023)研究发现，ESG 表现对企业声誉具有显著的促进效应和延续效应，环境、社会和公司治理表现 3 个维度具有协同效应；公司透明度对 ESG 表现与企业声誉的关系具有中介效应，且在公司透明度的作用下，ESG 表现对企业声誉的促进效应逐渐增强，存在显著的双重门槛效应。王翌秋和谢萌

(2022)基于中国A股上市公司的数据分析发现，企业的ESG信息披露有利于降低企业融资成本，特别是有利于降低权益融资成本。项东和魏荣建(2022)指出，企业在环境、社会、治理方面的信息披露均对绿色创新有显著促进作用，尤其对绿色发明专利和市场化程度较高地区的企业作用更显著。李慧云等(2022)研究发现，ESG信息披露可通过成本效应、资源效应与治理效应影响重污染企业绿色创新绩效。

1.5 ESG评级分歧的相关研究

ESG评级是对ESG实践的基础。目前国际上具有影响力的ESG评价机构包括MSCI、Sustainalytics、Refinitiv等。第三方评级商所提供的ESG评级数据为投资者提供了全面的量化信息，在一定程度上缓解了投资者与被投企业之间的信息不对称。然而，不同评价机构基于自身理解所提供的ESG评级存在较大分歧，各评级商之间ESG评级结果相关性低一直是业内所关注的焦点。

评级分歧一方面来源于模型和方法论差异。Berg等(2022)以国际六大ESG评级商提供的ESG评级结果——KLD(MSCI收购)、Sustainalytics、Vigeo Eiris(Moody 收购)、RobecoSAM(S&P Global 收购)、Asset 4(Refinitiv 收购)及 MSCI 的 ESG 评级结果进行相关性分析,发现各评级商提供的 ESG 总分数存在显著正相关性,而 E、S、G 三个分项得分存在负相关性。该研究认为 ESG 指标的覆盖范围以及赋权方法是评级分歧的主要来源。Billio 等(2021)进一步发现,不同机构对 E、S、G 的特征以及标准的理解存在差异,而这些差异可能造成不同机构对同一家公司得出截然不同的结论。

另一方面,ESG 评级分歧受 ESG 信息披露水平影响。Li 等(2018)发现 ESG 信息披露水平与公司价值存在正相关关系。Fatemi 等(2018)分别评估企业的环境、社会和治理得分,发现环境优势提高了企业的价值,而环境劣势则降低了企业的价值。企业的信息披露在其中发挥调节作用,即企业的 ESG 信息披露会降低环境劣势带来的负面估值和增加环境优势带来的正面估值。Gibson 等(2021)研究了 2010—2017 年 7 家 ESG 评级机构的数据,发现同一企业 ESG 评级在不同机构之间存在显著差异,相比盈利能力较强的企业,盈利能力较弱的企业 ESG 评级差异更大。Christensen 等(2022)认为 ESG 信息披露质量是产生评级差异的重要因素,盈利能力较强的企业能够投入更多资源用于 ESG 实践和 ESG 信息披露。

1.6 文献评述

综上所述，学术界围绕理论与实证进行了多层次、多维度的探讨，且研究广度和深度都得到了明显的提升。主要共识为ESG信息披露与ESG投资策略的有效性已经构成了逻辑闭环。从声誉理论和信号理论角度来看，ESG评级越高的企业意味着其信息披露水平越高、越会吸引ESG投资者。投资机构和投资者依托ESG信息对企业进行价值投资，良好的ESG表现会给企业带来积极影响：不仅可以有效提升企业价值，还可以抵御信任风险冲击。

现有研究在ESG实践动机、ESG投资有效性、ESG评级准确性的影响因素及其经济后果等方面还有待进一步深入研究，有待解决的问题如下。

首先，为ESG对企业价值的影响提供中国证据。一方面，ESG整体尚不存在权威统一的定义，ESG评级数据缺乏公信力，致使衡量企业ESG绩效具有复杂性。国外ESG投资披露广度、深度整体较高，而我国ESG起步较晚，对理论体系和实证模型的认知有限，导致相关研究未扩展到位。国外ESG实践为我国探索建立ESG评级体系的底层逻辑和方法论指明了一定的思路和方向。另一方面，考虑到不同经济体所处的发展阶段并不相同，ESG实践受制于本国国情的影响，其对财务绩效的影响在不同经济体之间可能存在差异。随着“双碳”目标的提出，探索我国微观企业ESG实践与其企业价值之间的关系具有重要意义。

其次，对于ESG投资的有效性，特别是在中国金融市场的金融实践相关研究还需要进一步探索。现有研究已经对ESG金融实践以及投资有效性展开了系列探索。而上述研究得以开展的基础在于有一个可靠且权威的ESG评级结果。当前，无论是国外主流ESG评级商抑或是国内评级商，其提供的ESG评级结果相关性并不高，在一定程度上影响投资者ESG投资实践的开展。从国内来看，这一问题更加值得关注。当前，我国尚处于ESG生态环境建设初期，国内ESG信息披露制度不健全，“漂绿”“绿色信息舞弊”等问题时有产生。因此，有必要围绕可能影响企业ESG信息披露意愿以及披露质量的因素展开讨论。同时，为明确ESG投资披露的重要性，为推动ESG更好地融入中国文化情境提供经验证据，须进一步丰富、深入绿色基金、绿色债券等绿色资产的宏观、中观以及微观经济后果方面的相关研究。

2

ESG在权益管理中的应用

• 随着 ESG 的内涵提升和外延拓展，ESG 投资策略在一级和二级市场的权益投资中被广泛使用，越来越多的金融机构认可 ESG 理念，并将其应用于投资领域。本章总结了 ESG 投资的主要策略，梳理了 ESG 权益投资在国内外的发展情况及应用实践情况，全面介绍了 ESG 在权益管理中的应用。

2.1 ESG投资在权益管理领域的实践策略

负责任投资原则(Principles for Responsible Investment,PRI)在《负责任投资指南》中总结出ESG投资五大策略,分别是整合法、筛选法、主题法、参与及投票。具体定义如表2-1所示。

表2-1 ESG投资策略内涵

整合法	筛选法	主题法	参与	投票
系统化地、明确地将ESG问题纳入投资决策和分析过程中,从而强化ESG风险管理、提高收益	根据投资者偏好、价值观或者道德准则,运用筛选标准选择或剔除投资清单上的公司	在考虑风险收益特征前提下,为实现特定环境或社会效益而选择投资标的,包括影响力投资	与公司讨论ESG问题,以寻求改进公司ESG表现和ESG信息披露。可以单独参与,也可以协同参与	对涉及重要ESG议题的决议进行投票;就具体的ESG问题提供股东决议

资料来源:UN PRI(联合国负责任投资原则组织)。

一般,若需将ESG问题纳入现有投资组合实践,可采用整合法、筛选法及主题法。

整合策略是指在投资分析和投资决策中系统化地、明确地纳入ESG因素。整合策略是目前全球负责任投资金额中体量增速最快和占比最高的一种策略,全球可持续投资联盟(Global

Sustainable Investment Alliance，GSIA）统计数据显示，截至2020年，采用ESG整合策略的可持续投资金额达到25.19万亿美元，2016—2020年规模年均增速达到25%。

筛选策略主张基于特定的价值标准、投资偏好、道德准则和风险判断审视特定的投资活动。按照筛选策略具体实现方式，筛选策略可分为负面筛选、正面筛选以及国际惯例筛选三种策略。GSIA的统计数据显示，2020年运用筛选策略的可持续投资总额达到20.55万亿美元，其中采用负面筛选策略、国际惯例筛选策略、正面筛选策略的投资金额分别为15.03万亿美元、4.14万亿美元、1.384万亿美元。

主题投资是指考量ESG因素后将资金投入具体的可持续发展领域。主题投资一般包含三要素：主题投资明确的定义、主题（如环境保护）及财务（如主题投资公司的资产规模认定门槛）条件、监测主题投资ESG表现。

参与及投票策略则更侧重于公司治理层面，通过参与ESG相关议题的讨论及投票，鼓励被投公司改善ESG风险管理或发展更具可持续性的商业实践，有助于进一步提高投资对象的ESG绩效。

2.2 ESG 在权益管理中的投资实践

2.2.1 ESG 投资在国外的应用实践

(1)欧洲

2018 年,欧盟为了防止“漂绿”行为,陆续颁布了一系列法律法规,逐步加强了对可持续产品的监管,具体包括 2018 年的“可持续发展融资行动计划”、2019 年的《可持续金融披露规定》(Sustainable Finance Disclosure Regulation,SFDR)和 2020 年的《欧盟分类法》(EU Taxonomy)。

安联投资成立于 1998 年,是可持续投资领域的先驱,早在 1999 年就将 ESG 元素持续整合到公司投资策略中。截至 2021 年年底,公司管理资产总规模达到 6730 亿欧元,其中可持续投资产品达到 1470 亿欧元,占比约 22%,专注于 ESG 风险投资的资产达到了 1560 亿欧元。目前,安联投资旗下共有 5 只 ESG 基金,具体见表 2-2。

表 2-2 安联投资旗下 ESG 基金

基金名称	成立时间	净资产/亿美元
安联粮食安全基金	2021-03-10	0.76
安联水资源基金	2018-10-24	9.17
安联环保能源基金	2019-10-30	2.87
安联全球永续发展基金	2003-01-02	23.98
安联环球可持续多元资产均衡基金	2018-08-16	0.65

资料来源：安联投资。

安联使用的 ESG 投资策略主要是整合法、社会责任投资和影响力投资，ESG 投资策略的几大关键要素包括与被投企业进行常规的谈话、制定明确的排除原则、注重管理人的可持续性投资、优选管理人并进行监督、通过 ESG 评级进行系统性的整合。安联主要根据外部数据库制定资产和标的的 ESG 评分，由内部资产经理划定投资门槛确定是否投资，对于未达到要求的企业如果确定投资，经理还需解释其中的原因。

安联 ESG 评分流程包括 ESG 数据集成、设定 ESG 阈值、建立评级体系，涵盖环境保护、社会责任、公司治理 3 个一级维度、10 个 ESG 二级主题、35 个 ESG 三级主题。

以安联全球永续发展基金为例，该基金投资于可持续增长、估值合理的优质环球股票，回报率较为稳定，2021 年各项子基金回报率均高于 20%。如图 2-1 所示，从行业配置来看，该基金的主要投资领域为信息科技、健康护理，截至 2022 年 9 月 30 日，以上两个行业在基金总资产值中总占比约为 51%。

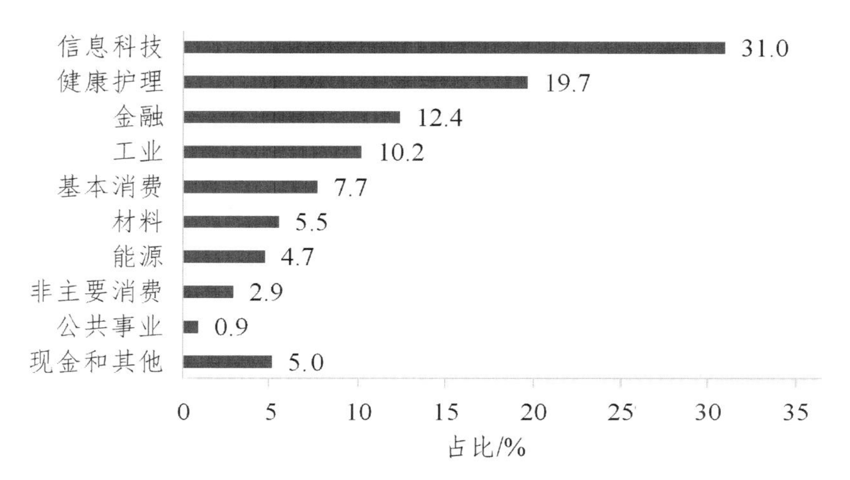

图 2-1 安联全球永续发展基金行业配置(截至 2022 年 9 月 30 日)

数据来源:安联全球永续发展基金。

欧洲作为最先发展 ESG 投资的地区,在 ESG 投资方面的实践一直领先全球,特点包括:①从基金类型来看,以主动 ESG 基金为主,占比一度超过 70%;②从投资策略来看,以负面筛选策略为主,此外参与公司治理和 ESG 也是常用的 ESG 投资策略。

(2)美国

如图 2-2 所示,美国的可持续基金发展迅速。截至 2021 年年底,美国的可持续基金数量达到了 534 只,管理的资产超过 3570 亿美元,仅 2021 年全年规模增长就有 692 亿美元,规模上已经超过欧洲,跃居世界第一。

截至 2021 年年底,美国前十大可持续共同基金中,主动型基金有 6 只,指数型 ETF(交易型开放式指数基金)、指数型基金

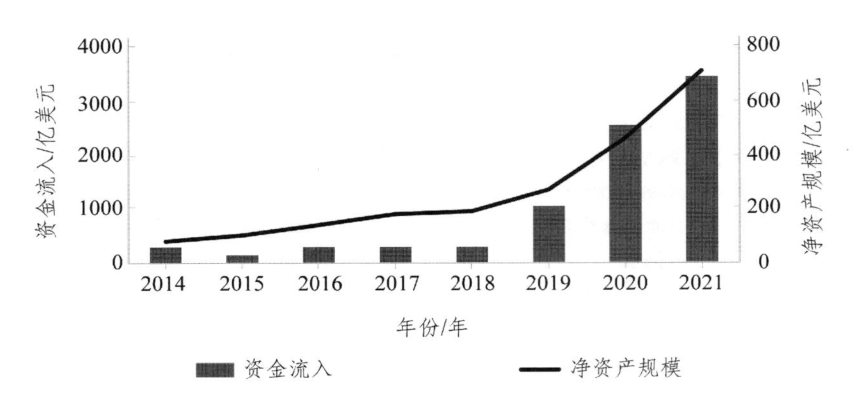

图 2-2 2014—2021 年美国可持续基金规模及其增长

数据来源：Morningstar（晨星）。

分别有 2 只。其中，规模最大的主动型基金为 Parnassus（帕纳瑟斯）核心股票基金，净资产规模 229.22 亿美元；规模最大的指数型基金是 BlackRock（贝莱德）的 iShares ESG Aware MSCI USA ETF，净资产规模为 204.8 亿美元。

Parnassus 投资公司是目前美国最大的纯 ESG 共同基金。目前 Parnassus 旗下共有 5 只基金产品，分别是 Parnassus 核心股票基金、Parnassus 中盘基金、Parnassus 奋进基金、Parnassus 中盘成长基金、Parnassus 固定收益基金。

5 只基金产品中 4 只为股票型基金，其中：Parnassus 核心股票基金是全美规模最大的可持续基金，目前管理资金为 229.22亿美元；Parnassus 奋进基金收益最好，近 3 年表现皆优于标普 500。5 只基金收益情况如图 2-3 所示。

Parnassus 旗下的 ESG 投资方式分为三个阶段：投资前，避

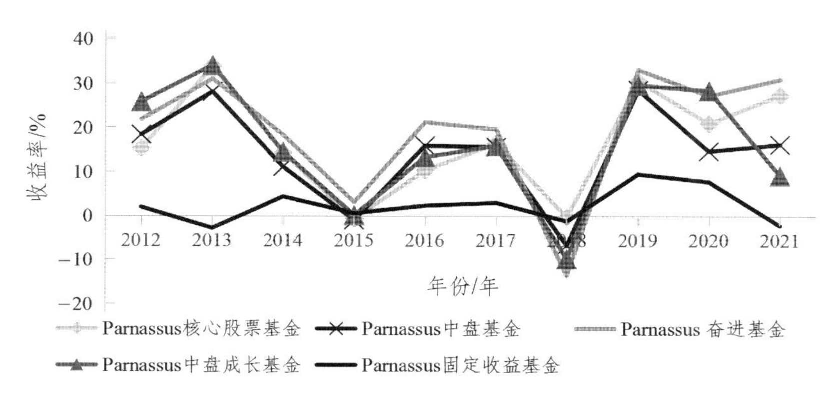

图 2-3 Parnassus 旗下的 5 只 ESG 基金收益情况(2012—2021 年)

数据来源:Parnassus。

开限制名单上的公司;投资中,将 ESG 分析融入研究过程;投资后,持续监控和管理。

Parnassus 奋进基金主要投资于美国大盘价值型股票。如图 2-4 所示,研究其行业配置可以发现该基金主要投资领域为信息技术、卫生保健、金融行业,截至 2022 年 9 月 30 日,投资于以上三个行业的资产在基金总资产中的占比分别为 22%、21% 和 21%。此外,基金极少投资于能源、材料、公用事业领域。

美国 ESG 基金的投资具有如下特点:①行业配置上更青睐信息技术等低碳行业,严格控制传统能源行业的投资。例如 Parnassus 明确排除收入超过 10%来自酒精、烟草、武器、核能以及化石燃料开采、勘探、生产、精炼的公司。②投资策略主要采取 ESG 整合、筛选策略相结合的方式。

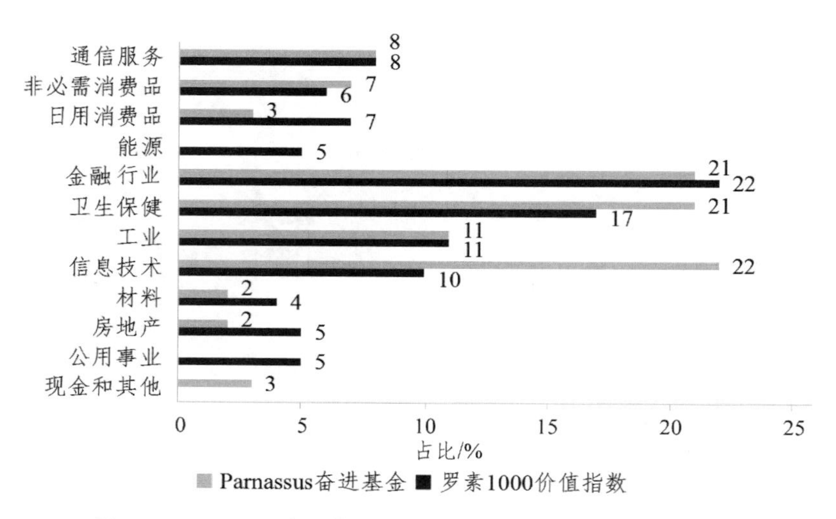

图 2-4　Parnassus 奋进基金行业配置(截至 2022 年 9 月 30 日)

数据来源：Parnassus。

(3)日本

截至 2022 年 6 月底，有超过 116 家日本机构签署了联合国负责任投资原则，其中包括资金持有机构 25 家、运用机构 80 家、服务企业 11 家。根据 GSIA 发布的数据，2020 年底，日本市场 ESG 投资份额达到 8%，仅次于美国及欧洲，投资额约为 2.9 万亿美元，较 2018 年增长了 32%。

以野村资管为例，2021 年，野村资管建立了一套新的 ESG 评分体系，将 ESG 因素融入投资流程中，具体如图 2-5 所示。此框架包含以下因素：第一，设置 4 个评价因素：社会、环境、公司治理和可持续发展目标(ESGS)，并赋予每个评价因素 25%的权重；第二，引入“重要性”这一概念，体现每个行业之间的差异；第三，设立风险和机遇的评估参数，风险方面侧重于量化分析，机遇则主要关注管理层对 ESG 议题作出的相关承诺和采取的措施，以及公司 ESG 领域增长潜力等。

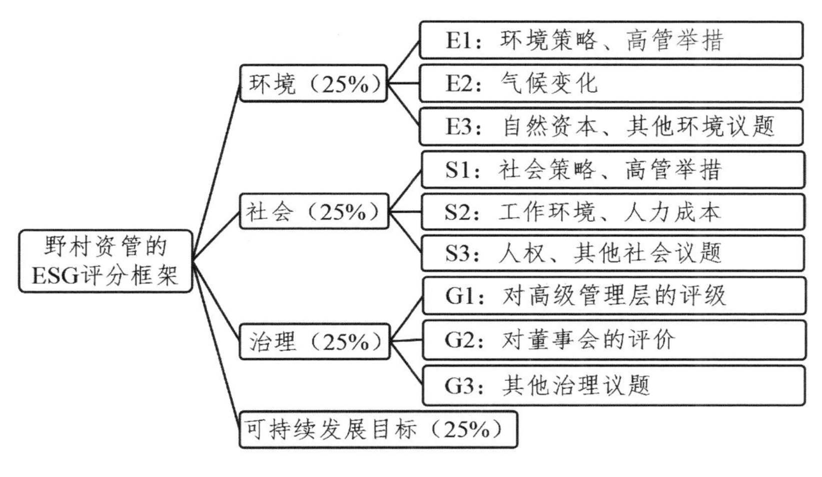

图 2-5　野村资管 ESG 评分框架

资料来源：野村集团官网。

日本 ESG 基金投资表现出如下特征：①投资策略上偏向于选择 ESG 整合策略，其次是参与公司治理；②资产选择上，积极配置海外资产，尤其注重欧美上市公司股票的持有；③在行业配置上注重对信息技术、资本商品与服务、材料行业的投资。

2.2.2 ESG 投资在国内的应用实践

近年来，ESG 理念被逐渐纳入投资框架中，公募基金积极布局 ESG 产品。根据 Wind 的数据，以“ESG”“社会责任”“可持续发展”为关键词，截至 2023 年 6 月，在全市场基金中筛选，共得到 43 只 ESG 基金（仅筛选初始基金），总规模合计 258.20 亿元。从基金成立日看，自 2021 年以来，ESG 基金数量明显增多：2019 年成立 4 只，2020 年成立 5 只，2021 年成立 10 只，2022 年成立 10 只，2023 年截至 6 月已经成立了 8 只。

此外，ESG 在一级股权投资中也逐渐被纳入投资策略。中国基金业协会的调查数据显示，2019 年开展 ESG 实践的私募股权基金数量占比仅为 11%，2021 年开展绿色投资实践的私募股权基金占比则接近 20%。

（1）南方基金

南方基金于 2018 年正式成为联合国负责任投资原则组织（UN PRI）的签署成员，是中国国内第一批签署 PRI 的公募基金，旗下拥有数只 ESG 基金，包括南方 ESG 主题基金，具体如表 2-3 所示。

表 2-3 南方基金下属 ESG 基金

基金类型	基金名称	成立日期	净资产/亿元
股票型	南方 ESG 主题股票 A	2019-12-19	7.23
	南方 ESG 主题股票 C	2019-12-19	1.69
	南方中证新能源 ETF	2021-01-22	27.99
	南方中证新能源 ETF 联接 A	2021-08-24	1.52
	南方中证新能源 ETF 联接 C	2021-08-24	1.26
	南方中证长江保护主题 ETF	2021-11-26	19.48
	南方中证上海环交所碳中和 ETF	2022-07-11	32.62
	南方碳中和股票发起 A	2022-10-25	0.42
	南方碳中和股票发起 C	2022-10-25	0.46
混合型	南方新能源产业趋势混合 A	2021-08-25	17.50
	南方新能源产业趋势混合 C	2021-08-25	4.96

数据来源：南方基金官网，数据截至 2022 年 6 月 30 日。

在 ESG 投资方面，南方基金在传统财务绩效分析的框架中积极尝试加入环境、社会、治理方面的因素，构建出了具有自身特色的风险评估体系、数据库和相应的风险管理机制。在进行 ESG 投资时，南方基金采取的主要策略有 ESG 整合、筛选法（负面筛选和正面筛选）、积极股东和主题法。

南方基金 ESG 投资体系包含三个阶段，分别是事前、事中、事后。事前，南方基金会根据自主研发的 ESG 评分体系对投资公司进行评估，具体如图 2-6 所示；事中，根据 ESG 的评级排除对低评级标的的投资，同时对投资标的进行持续跟踪；事后，对投资组合进行压力测试和归因分析。

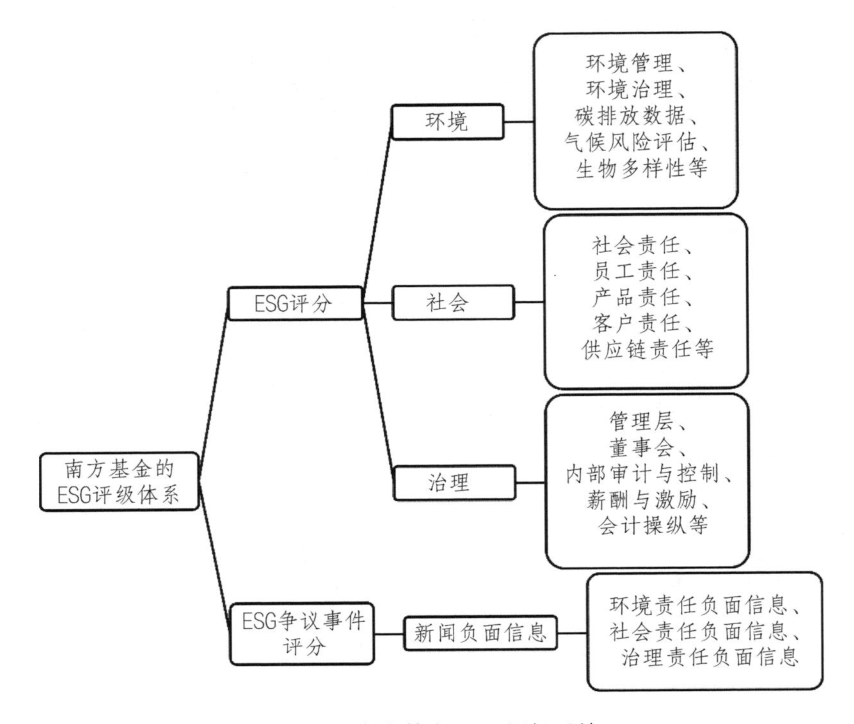

图 2-6　南方基金 ESG 评级系统

资料来源：南方基金官网。

(2)嘉实基金

2018 年 4 月，嘉实基金正式加入 UN PRI，成为首批签署该原则的中国公募基金管理公司之一。目前嘉实基金旗下共有 7 只 ESG 基金，具体如表 2-4 所示。

表 2-4 嘉实基金旗下 ESG 基金

基金类型	基金名称	成立日期	净资产/亿元
主动股票类	嘉实环保低碳股票	2015-12-30	48.67
	嘉实新能源新材料股票 A	2017-03-16	50.07
	嘉实新能源新材料股票 C	2017-03-16	18.19
股票指数类	嘉实中证新能源汽车指数 A	2021-08-18	0.57
	嘉实中证新能源汽车指数 C	2021-08-18	2.63
	嘉实国证绿色电力 ETF	2022-04-21	2.57
	嘉实中证新能源 ETF	2022-04-21	2.57

资料来源:嘉实基金官网。

嘉实基金的 ESG 投资包含三个方面:第一,ESG 整合,即在传统的基本面研究和投资决策流程中加入对财务有重大影响的 ESG 风险和机遇的分析;第二,公司参与尽责管理,积极参与到投资公司的管理中,包括通过投票影响公司决策,以及积极展开与公司的沟通;第三,可持续主题投资,通过深度的 ESG 研究积极推动可持续投资。

嘉实 ESG 评分指标体系分为三级,其中包含 3 个一级指标、8 个二级指标、23 个三级指标,以及超过 110 个底层指标,具体如表 2-5 所示。

表 2-5 嘉实基金 ESG 指标体系

一级指标	二级指标	三级指标
环境	环境风险暴露	地理环境风险暴露、业务环境风险暴露
	污染治理	气候变化、污染物排放、环境违规事件
	自然资源和生态保护	自然资源利用、循环和绿色经济

续表

一级指标	二级指标	三级指标
社会	人力资本	员工管理和福利、员工健康和安全、人才培养和发展、员工相关争议事件
	产品和服务质量	产品安全和质量、商业创新、客户隐私和数据安全、产品相关争议事件
	社区建设和贡献	社区建设、供应链责任
治理	治理结构	股权结构和股东权益、董事会结构和监督、审计政策和披露、高管薪酬和激励
	治理行为	商业道德和反腐败、治理相关争议事件

资料来源：Wind。

为了解决传统ESG数据缺失和更新频率低等问题，嘉实基金在ESG数据和信息获取方面，用机器学习和自然语言处理等技术实时抓取ESG信息和数据，其采用的数据来源主要为公司官网、监管机构、行业协会、可信媒体等（见图2-7）。获得的底层数据先进行量化，转变成0-1的指标，然后通过数据清洗、机构化等方式进行分析，最终得到公司的标准化得分。目前嘉实基金的ESG评分数据库已经覆盖了4000多家A股上市公司。

总体来看，中国ESG投资发展相对欧美较晚，但是发展较为迅速，目前表现出以下特点：①中国ESG基金主要采取的投资策略是ESG整合以及ESG筛选策略，此外还有少量基金在投资中积极发挥参与公司治理的作用；②中国ESG基金投资领域主要集中于新能源等绿色、低碳行业，此外也会涉及生物医药、责任投资等领域。

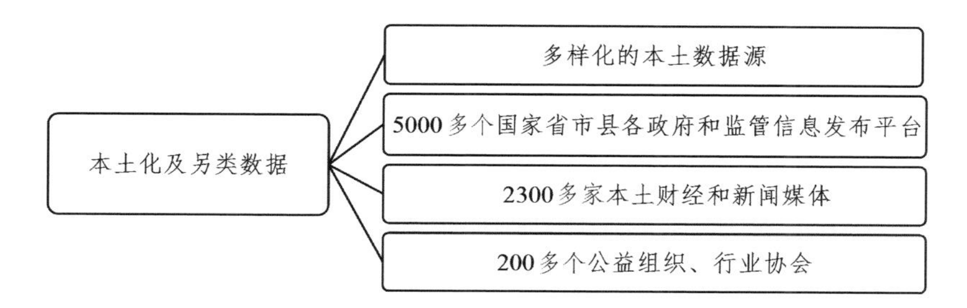

图 2-7　嘉实基金 ESG 评分的数据来源

数据来源：Wind。

2.3　结论

本章总结了ESG投资在权益管理领域中的主要投资策略，并分别对欧洲、美国、日本及中国的ESG投资实践情况进行分析。目前全球ESG权益投资仍处在探索发展的过程中，可持续基金数量和规模持续快速增长，但整体来看，中国ESG权益投资仍在起步阶段，未来有巨大的发展空间。

从投资策略来看，目前ESG整合策略仍是全球ESG基金投资的主要策略，相较于其他投资策略应用更为广泛。从行业配置来看，中国ESG基金投资领域主要集中在新能源等绿色行业，而欧、美、日对于信息技术等低碳行业更为青睐。同时，各个基金公司也都在积极探索构建更加全面客观的 ESG 评分指标体系。

3

ESG负面事件与上市公司股价波动

• 随着 ESG 投资理念在国内的推广和深化，上市公司 ESG 争议事件和风险事件引发投资者的广泛关注。本章以国内 A 股上市企业为研究对象，采用事件研究法，系统考察了企业 ESG 负面事件对股票价格和企业市值的影响。

3.1 数据来源

本书定义的ESG负面事件为“受到环境、社会或者治理违规处罚的事件”，数据来源于CSMAR（中国经济金融研究数据库）国泰安数据库中上市公司年报、社会责任报告、可持续发展报告等。样本区间为2010—2021年，已剔除ST及窗口期与估计期不够的样本。数据源权威稳定，能够完整、客观呈现上市公司环境的相关数据。

如表3-1所示，自2010年1月至2021年12月，A股上市公司共发生9448起ESG违规处罚事件，涉及2514家上市公司，其中最少发生1起，最多则发生45起，平均每家公司发生3.76起ESG违规处罚事件。

表3-1 2010—2021年A股上市公司ESG负面事件样本统计

样本量	平均数	标准差	最小值	最大值
2514	3.8532	3.7280	1	45

如图3-1所示，在所有违规处罚事件中：环境类违规处罚事件254起，占比2.69%；社会类违规处罚事件156起，占比1.65%；治理类违规处罚事件9038起，占比95.66%。分析具体处

罚事项，环境类违规处罚事件中大气污染、水污染及固体废物污染居多，社会类违规处罚事件中涉及安全生产方面的事件最为常见，治理类违规处罚事件中多为商业道德及公司治理方面事件。

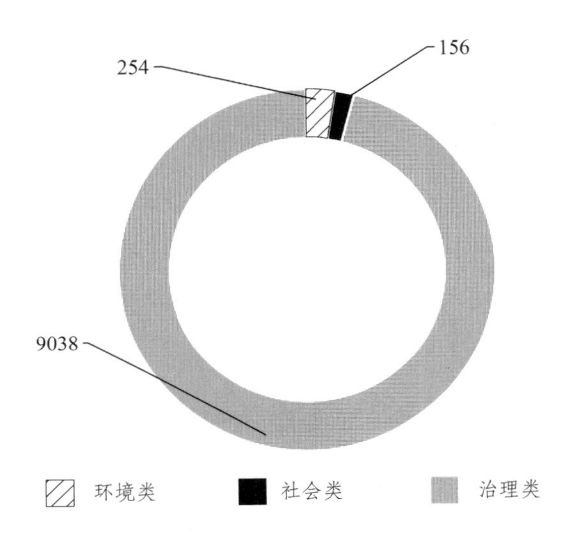

图 3-1　2010—2021 年 A 股上市公司 ESG 违规处罚事件分类统计

根据处罚类型的不同，将 ESG 违规处罚事件分为高风险事件及低风险事件两类。其中，高风险事件处罚类型包含罚款及没收，低风险事件处罚类型包含警告、批评、谴责及其他。若一起事件包含多种类型处罚，则按最高处罚记录。如图 3-2 所示，环境类及社会类违规处罚事件中高风险事件占比较高，分别为 25.20％及 22.44％，而治理类违规处罚事件多为低风险事件，占比为 96.33％。

根据 Wind 行业分类将所涉上市公司进行分类，共分为 19

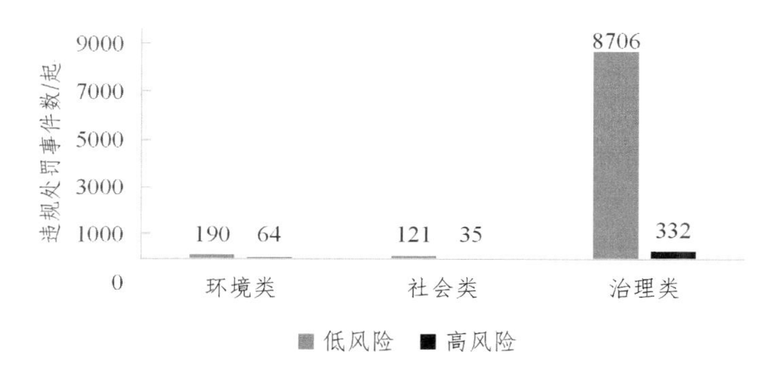

图 3-2 2010—2021 年 A 股上市公司 ESG 违规处罚事件风险分类统计

个大类。制造业涉及的 ESG 违规处罚事件总数最多，共 5864 起，其中环境类违规处罚事件为 190 起，社会类违规处罚事件为 113 起，治理类违规处罚事件为 5561 起。分行业来看，采矿业以及电力、热力、燃气及水生产和供应业两个行业涉及的环境类违规处罚事件占比最高，分别为 7.88％以及 7.69％。采矿业以及卫生和社会工作两个行业涉及的社会类违规处罚事件占比最高，分别为 5.81％以及 4.55％。

3.2 实证设计

采用事件研究法考察 ESG 负面事件对公司股票价值的影响。事件研究法是定量研究外部冲击对股票价格（或企业价值）

影响的主流方法，通过考察冲击事件前后累积异常收益率变化情况来判断事件的影响程度。

为充分考察两类环境事件的长短期反应，选择违规事件的公告日为事件日（第0日），并将事件窗口设置为[−10,10]进行实证研究。为了检验ESG负面事件对股价影响的持续性，设置长期事件窗口[−10,60]进行验证。同时，选取前250个交易日作为估计期，即估计期窗口为[−260,−10]，应用市场模型估计样本在事件窗口的“正常”报酬率。

市场模型（R）：

$$\hat{R}_{i,t}=\alpha_i+\beta_i R_{m,t}+\varepsilon_{i,t} \tag{3-1}$$

超额收益率（AR）：

$$\mathrm{AR}_{i,t}=R_{i,t}-\hat{R}_{i,t} \tag{3-2}$$

平均超额收益率（AAR）：

$$\mathrm{AAR}_t=\frac{1}{n}\sum_{i=1}^{n}\mathrm{AR}_{i,t} \tag{3-3}$$

累计超额收益率（CAR）：

$$\mathrm{CAR}_i(T_1,T_2)=\sum_{t=T_1}^{T_2}\mathrm{AR}_{i,t} \tag{3-4}$$

累计平均超额收益率（CAAR）：

$$\mathrm{CAAR}(T_1,T_2)=\frac{1}{n}\sum_{t=T_1}^{T_2}\mathrm{AR}_{i,t} \tag{3-5}$$

其中，$R_{i,t}$ 为考虑现金红利再投资的日个股回报率，$R_{m,t}$ 为考虑现金红利再投资的综合日市场回报率(总市值加权平均法)。

3.3 实证结果

3.3.1 总样本

图 3-3 与图 3-4 展示了总样本下 ESG 负面事件与股价波动的关系。在 ESG 负面事件出现之前，总样本的平均异常收益率(AAR)在 0 附近随机波动，累积平均收益率(CAAR)维持正值，而 ESG 负面事件公告当日，总样本下平均异常收益率与累计平均异常收益率均出现大幅下跌，且在 1%的水平下通过 t 检验，说明 ESG 负面事件对上市公司的股价形成了显著的冲击，且冲击效应在前两日最为显著。

在随后的观察期中，平均异常收益率持续降低，但累计平均异常收益率依然表现出持续的显著下跌，这说明 ESG 负面事件的发生对公司的股价有显著的负向影响。

在图 3-3 与表 3-2 中，事件窗口期为[−10,10]，从上述结果可看出，异常收益率随着时间的推移在逐渐减弱，但累计异常收益率在事件发生后的第 10 天，仍然持续保持向下发展的趋势，这表明 ESG 负面事件的影响可能并未完全消除。

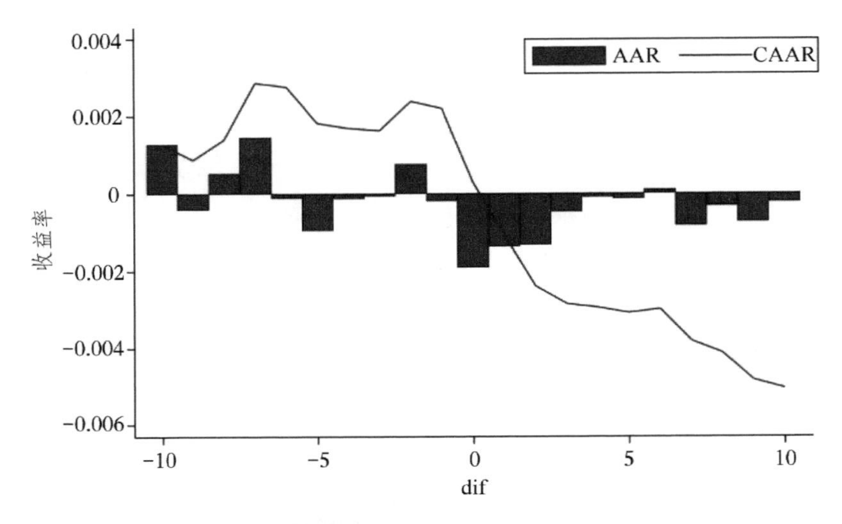

图 3-3　ESG 负面事件与股价波动短期趋势图

为了进一步观察 ESG 负面事件对公司股价的持续影响，将事件窗口期扩展到事件发生日之后的 60 天，图 3-4 为[－10，60]窗口期内，公司 AAR 和 CAAR 的表现。在事件发生的 20 天之后，累计异常收益率不再下降，维持水平波动状态，并且在事件发生 40 天之后开始回调。这意味着 ESG 负面事件对公司股价的负向影响一直持续到事件发生后的第 20 天。

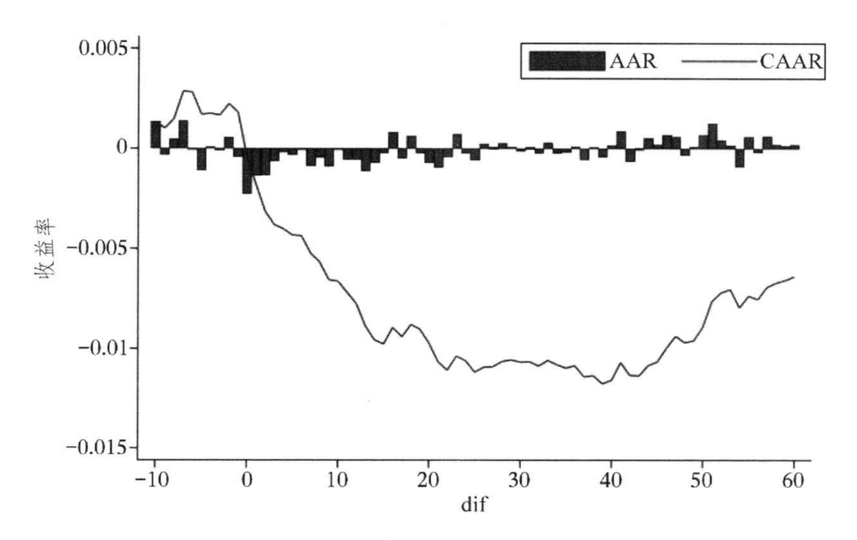

图 3-4 ESG 负面事件与股价波动长期趋势图

表 3-2 ESG 负面事件与股价波动结果检验

dif	−10	−9	−8	−7	−6	−5	−4	−3	−2	−1	0
AAR	0.0013 ***	−0.0004	0.0005	0.0015 ***	−0.0001	−0.0009 **	−0.0001	−0.0001	0.0008 *	−0.0002	−0.0019 ***
t	(2.9782)	(−0.9525)	(1.2136)	(3.3673)	(−0.2422)	(−2.1945)	(−0.2965)	(−0.1503)	(1.7376)	(−0.4356)	(−3.8472)
CAAR	0.0013 ***	0.0009	0.0014 *	0.0029 ***	0.0028 **	0.0018	0.0017	0.0016	0.0024 *	0.0022	0.0003
t	(2.9782)	(1.3611)	(1.7146)	(2.9943)	(2.5425)	(1.5219)	(1.3041)	(1.1938)	(1.6669)	(1.4617)	(0.1842)
dif	1	2	3	4	5	6	7	8	9	10	
AAR	−0.0014 ***	−0.0013 ***	−0.0005	−0.0001	−0.0001	0.0001	−0.0008 **	−0.0003	−0.0007 *	−0.0002	
t	(−2.9672)	(−2.8951)	(−1.0623)	(−0.2282)	(−0.3428)	(0.2394)	(−2.0231)	(−0.7828)	(−1.7325)	(−0.5216)	
CAAR	−0.0011	−0.0024	−0.0028	−0.0029	−0.0031 *	−0.0030	−0.0038 *	−0.0041 **	−0.0048 **	−0.0051 **	
t	−0.6438	(−1.3738)	(−1.5733)	(−1.5645)	(−1.5913)	(−1.4855)	(−1.8611)	(−1.9719)	(−2.2531)	(−2.3230)	

注：*** 、** 、* 分别表示 1%、5%、10%的显著性水平。

为了分别判断环境、社会、治理三个方面负面事件披露对公司股价的影响，下面将从三个方面负面事件样本展开分析。

3.3.2 环境负面事件样本

从图 3-5 中可看出，在环境负面事件出现之前，平均异常收益率在 0 附近随机波动。而在环境负面事件公告当日，平均异常收益率大幅下跌，下跌幅度为 0.0065，明显大于总样本的平均异常收益率在负面事件公告当天的下跌幅度 0.0019，且在 1%的水平下通过 t 检验(见表 3-3)，说明环境负面事件对上市公司的股价冲击更大。

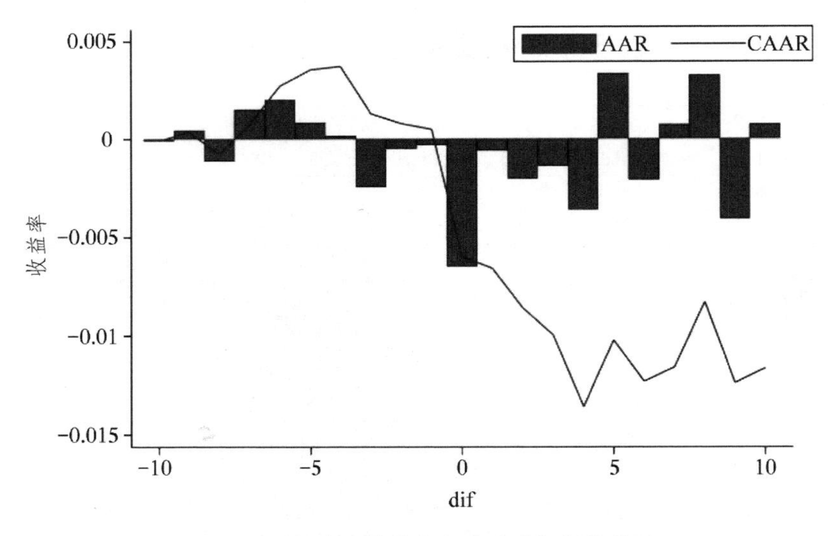

图 3-5　环境负面事件与股价波动短期趋势图

表 3-3 环境负面事件与股价波动结果检验

dif	−10	−9	−8	−7	−6	−5	−4	−3	−2	−1	0
AAR	−0.0001	0.0004	−0.0011	0.0015	0.0020	0.0008	0.0002	−0.0025	−0.0005	−0.0003	−0.0065 ***
t	(−0.045)	(0.2203)	(−0.6258)	(0.5491)	(1.0025)	(0.4632)	(0.0761)	(−1.2699)	(−0.2490)	(−0.1272)	(−2.7052)
CAAR	−0.0001	0.0004	−0.0008	0.0007	0.0027	0.0036	0.0037	0.0013	0.0008	0.0005	−0.0060
t	(−0.045)	(0.1337)	(−0.2184)	(0.1665)	(0.5290)	(0.6944)	(0.6836)	(0.2272)	(0.1329)	(0.0733)	(−0.8242)
dif	1	2	3	4	5	6	7	8	9	10	
AAR	−0.0006	−0.0020	−0.0014	−0.0036 *	0.0034	−0.0021	0.0007	0.0033	−0.0041 *	0.0007	
t	(−0.2554)	(−0.8501)	(−1.0623)	(−0.6091)	(−1.8207)	(1.5194)	(−1.0062)	(0.2802)	(1.2142)	(−1.7917)	
CAAR	−0.0066	−0.0086	−0.0100	−0.0136	−0.0102	−0.0123	−0.0116	−0.0083	−0.0124	−0.0116	
t	(−0.8776)	(−1.0912)	(−1.2265)	(−1.6536)	(−1.2261)	(−1.4037)	(−1.2072)	(−0.8055)	(−1.1879)	(−1.0923)	

虽然环境负面事件对上市公司股价当日冲击较大，但是影响时间较短，在事件发生 5 天后平均异常收益率变为正值，而总样本在事件发生 16 天后平均异常收益率才为正。同时，图 3-6 显示累计平均异常收益率在事件发生 5 天之后开始维持水平波动状态，并且在事件发生 10 天之后开始回调，也可看出环境负面事件对上市公司影响持续时间较短。

在事件窗口期内加总每一天的异常收益率，即可得到窗口期的累计异常收益率（CAR）。如表 3-4 所示，在事件窗口期[−10,10]中结果并不显著，但是将事件窗口期缩短为[−5,5]及[−3,3]，CAR 分别在 10%和 5%的水平上显著小于 0，且在窗口期[−5,5]中累计异常收益率最高。这说明环境类负面事件公告日后 3 天对公司股价有较为显著的负面冲击，之后冲击效果减弱但会持续到第 5 天，之后对公司股价的负面影响逐渐消退。

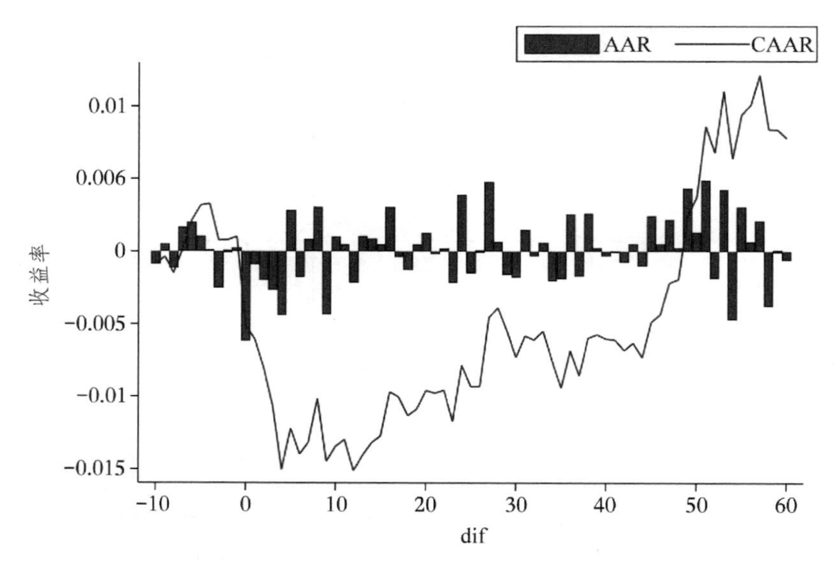

图 3-6　环境负面事件与股价波动长期趋势图

表 3-4　环境负面事件累计异常收益率

窗口期	CAR	Std.Err.
[－10,10]	－0.01296	0.0075
[－5,5]	－0.01371*	0.0064
[－3,3]	－0.00989**	0.0055

3.3.3 社会负面事件样本

如图 3-7、图 3-8 所示，在社会负面事件样本检验结果中，平均异常收益率仅在事件公告日前第 3 天、事件公告日后第 5 天及第 8 天显著有意义。累计平均异常收益率在事件窗口期[－10,10]

都不显著。累计异常收益率在事件窗口[-10,10]、[-5,5]、[-3,3]中结果也都不显著。

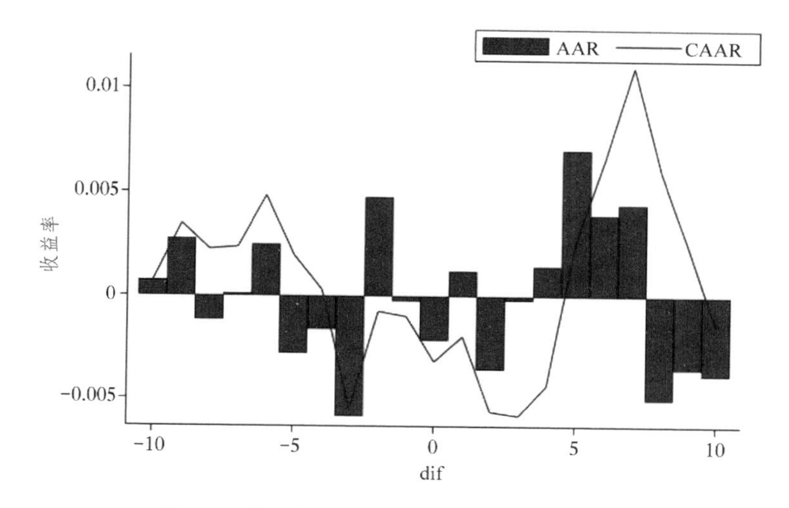

图 3-7 社会负面事件与股价波动短期趋势图

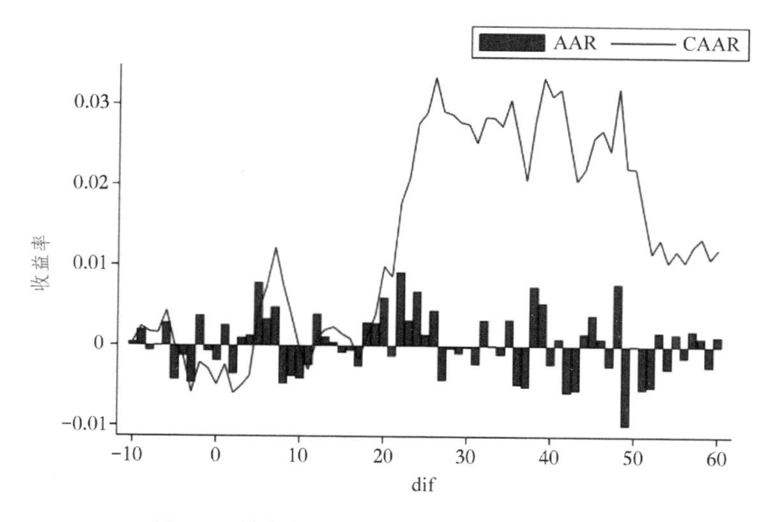

图 3-8 社会负面事件与股价波动长期趋势图

3.3.4 治理负面事件样本

治理负面事件对股价波动的影响与总样本类似，从图 3-9 与表 3-5 中可看出，在治理负面事件公告当日，平均异常收益率出现大幅下跌，且在 1%的水平下通过 t 检验（见表 3-5）。但平均异常收益率在治理负面事件公告当天下降幅度为 0.0017，略小于总样本的 0.0019，说明治理负面事件对股价的突然冲击效果稍弱于其他类型负面事件。

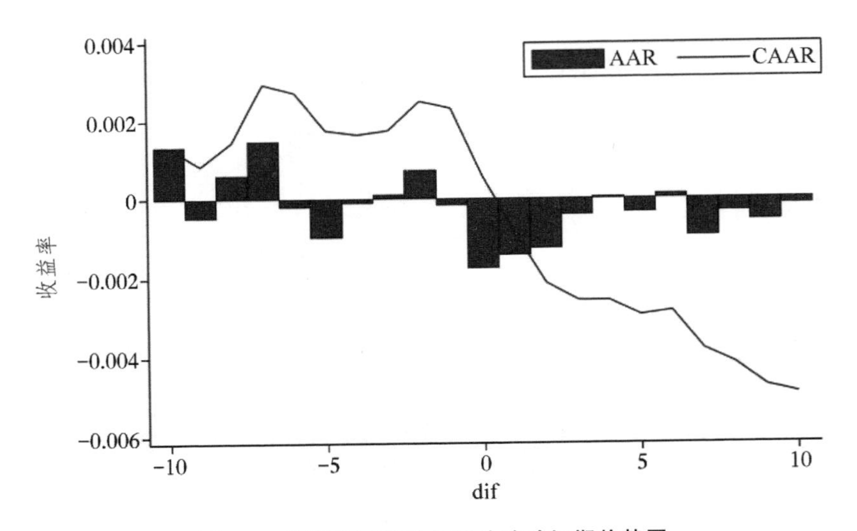

图 3-9　治理负面事件与股价波动短期趋势图

表 3-5 治理负面事件与股价波动短期结果检验

dif	−10	−9	−8	−7	−6	−5	−4	−3	−2	−1	0
AAR	0.0013 ***	−0.0005	0.0006	0.0015 ***	−0.0002	−0.0010 **	−0.0001	0.0001	0.0007	−0.0002	−0.0017 ***
t	(3.0088)	(−1.1076)	(1.3565)	(3.3438)	(−0.4812)	(−2.1831)	(−0.2525)	(0.2594)	(1.6277)	(−0.4142)	(−3.4272)
CAAR	0.0013 ***	0.0008	0.0015 *	0.0029 ***	0.0027 **	0.0018	0.0016	0.0018	0.0025 *	0.0023	0.0006
t	(3.0088)	(1.2764)	(1.7236)	(2.9774)	(2.4306)	(1.4221)	(1.2268)	(1.2445)	(1.6803)	(1.4849)	(0.3399)
dif	1	2	3	4	5	6	7	8	9	10	
AAR	−0.0014 ***	−0.0013 ***	−0.0004	−0.0001	−0.0000	0.0001	−0.0010 **	−0.0004	−0.0006	−0.0002	
t	(−3.0233)	(−2.6801)	(−0.9747)	(−0.0154)	(−0.8962)	(0.2509)	(−2.3211)	(−0.8618)	(−1.3181)	(−0.4355)	
CAAR	−0.0009	−0.0021	−0.0026	−0.0026	−0.0029	−0.0028	−0.0038 *	−0.0042 *	−0.0047 **	−0.0049 **	
t	(−0.5097)	(−1.1876)	(−1.3718)	(−1.3225)	(−1.4705)	(−1.3673)	(−1.8008)	(−1.9267)	(−2.1258)	(−2.1812)	

在表 3-6、图 3-10 中，事件窗口期设置为[−10,60]，可以看出在治理负面事件公告发布后 20 天内，累计平均异常收益率持续快速下滑。在 20 天至 40 天的区间内，平均异常收益率在 0 附近上下波动，累计平均异常收益率呈现较为缓慢的下滑趋势。在公告日的第 40 天后开始回调。可见，治理类负面事件对公司股价的影响是持续性的。

表 3-6 治理负面事件累计异常收益率

窗口期	CAR	Std.Err.
[−10,10]	−0.0049 **	0.0023
[−5,5]	−0.0057 ***	0.0017
[−3,3]	−0.0042 ***	0.0013
[−2,2]	−0.0039 ***	0.0011
[−1,1]	−0.0034 ***	0.0009

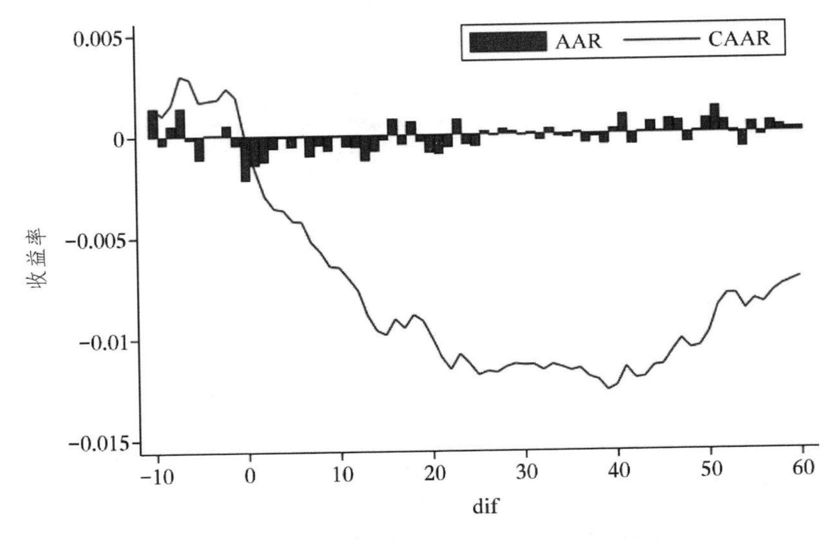

图 3-10　治理负面事件与股价波动长期趋势图

3.4　结论

通过全面收集 A 股上市公司披露的各类 ESG 处罚信息，使用事件研究法，系统检验 ESG 负面事件如何影响上市公司股价。研究结果表明，整体来看，ESG 负面事件对上市公司的股价有显著的负面影响，ESG 负面事件一般在发生后的前两日对股价冲击较大，负面影响持续 20 天左右。

此外，环境类、社会类、治理类负面事件对于股价影响形式及程度不同：我国上市公司环境负面事件披露对股价有短期负面影响，会影响企业在投资者心中的形象，且在事件公告当天影响程度较大；而治理负面事件披露对股价有长期的负面影响。

4

上市公司ESG评价与企业价值

• 本章针对国内上市公司样本，定量研究了企业履行 ESG 责任对公司价值的积极影响，并探索了 ESG 表现对企业价值的影响途径。研究结果显示，企业良好的 ESG 表现能提升其媒体关注度和缓解其融资约束，进而提升企业价值。

4.1 研究设计

4.1.1 模型设定和变量选择

设定如下回归模型：

$$\text{Tobin } Q_{i,t+1}=\beta_0+\beta_1 \text{ESG}_{i,t}+\gamma Z_{i,t}+\sum \text{Industry}_i+\sum \text{Year}_t+\varepsilon_{i,t+1}$$

被解释变量为企业价值托宾 Q（Tobin Q）。托宾 Q 是企业股票市场价值与企业总重置资产的比率，这一比率通过对企业在未来一段时间内经营、获利等各方面综合能力的预估来反映投资者对企业未来盈利的预期，是对企业市场价值的一种度量。

$$\text{托宾 } Q=\frac{\text{市值}}{\text{总资产}-\text{无形资产净额}-\text{商誉}}$$

核心解释变量为华证 ESG 评级数据。华证 ESG 评级基于底层数据计算 26 个三级指标的得分，根据行业特点构建行业权重矩阵，最终计算出 ESG 总得分，最后将公司归为 C、CC、CCC、B、BB、BBB、A、AA、AAA 九档。为方便实证分析，将 C～AAA

九档评级分别赋值1～9,其中C级赋值为1,AAA级赋值为9,由此得到ESG变量。

控制变量方面(见表4-1),考虑到公司规模、公司治理、企业性质等因素都会对企业价值造成影响,引入企业公司规模Size(总资产的自然对数)、资产负债率Lev(总负债与总资产之比)、公司成长性Growth[(年末资产总额－年初资产总额)/年初资产总额]、现金比率CF(当期的现金净流量/年末资产总额)、股权集中度Top1(第一大股东持股比例)、独立董事比例Dir(独董数量与董事会规模之比)、成立时长FA、股权性质Soe(国有企业取1,其他取0)作为控制变量。同时,考虑到企业所处的行业特征、宏观经济环境,以及其他未考虑到的时变因素也可能影响企业价值,因此模型中加入行业固定效应和时间固定效应予以控制。

表4-1　上市公司ESG评价与企业主要变量定义

变量类型	变量名称	变量定义
被解释变量	Tobin *Q*	托宾 *Q*＝市值/(总资产－无形资产净额－商誉)
解释变量	ESG	华证ESG评级,将C—AAA九档评级分别赋值1～9
控制变量	Size	总资产的自然对数
	Lev	资产负债率＝总负债/总资产
	Growth	成长性＝(年末资产总额－年初资产总额)/年初资产总额
	CF	现金比率＝当期的现金净流量/年末资产总额
	Top 1	第一大股东持股比例
	Dir	独董数量与董事会规模之比
	FA	成立时长＝当前年份－成立年份
	Soe	股权性质,如是国企则为1,其余为0

续表

变量类型	变量名称	变量定义
控制变量	Insensitive	非重污染行业
	Sensitive	重污染行业
	Year	年份
	Industry	企业所处行业

4.1.2 数据来源与样本选择

选择2009—2020年沪深A股上市公司年度数据为研究样本，在此基础上剔除了金融和房地产公司、ST公司、存在重大数据缺失的公司。最后共获得24421个有效样本，相关财务数据来源于Wind数据库与CSMAR数据库。为了控制极端值对研究结论的影响，对回归模型中的所有连续型变量在样本1%和99%分位数处进行了缩尾处理。为了避免变量的内生性问题，对于所有自变量采取了滞后一期的做法。

表4-2汇报了主要变量的描述性统计结果。企业估值上，样本企业Tobin *Q*的均值为2.264，标准差为1.509，最大为9.826，而最小值仅为0.911，说明不同企业的市场价值存在较大差异。ESG评级均值为6.461，标准差为1.119，且中位数为6，意味着绝大多数企业ESG评级达到BBB级。

表 4-2　2009—2020 年 A 股上市公司 ESG 评价与企业估值变量描述性统计

变量	样本量	平均数	标准差	最小值	中位数	最大值
Tobin Q	24421	2.264	1.509	0.911	1.77	9.826
ESG	24421	6.461	1.119	1	6	9
Top1	24421	34.44	14.81	8.8	32.3	73.97
Dir	24421	37.55	5.36	33.33	35.71	57.14
Size	24421	22.17	1.265	19.89	22	26.11
Lev	24421	41.47	20.44	5.032	40.62	89.78
Growth	24421	17.37	32.55	−30.42	9.091	192.4
CF	24421	0.977	9.288	−25.44	0.417	38.35
FA	24421	18.18	5.836	0	18	65
Soe	24421	0.356	0.479	0	0	1

表 4-3 列出各变量间的皮尔逊相关系数(Pearson correlation coefficient)，结果表明，ESG 评级与公司价值在 1%水平下呈显著负相关关系。同时，除了 Size 和 Lev 之间、CF 和 Growth 之间的相关系数较为接近 0.5，其余变量之间的相关系数均明显低于 0.5。此外，利用 VIF(Variance inflation factor，方差膨胀因子)检验得出各变量的膨胀因子均小于 2，数据不存在严重的共线性问题。

表 4-3　2009—2020 年 A 股上市公司 ESG 评价与企业估值主要变量的相关系数

	Tobin Q	ESG	Top 1	Dir	Size	Lev	Growth	CF	FA
ESG	−0.087 ***	1							
Top 1	−0.126 ***	0.127 ***	1						
Dir	0.055 ***	−0.017 ***	0.036 ***	1					
Size	−0.359 ***	0.336 ***	0.194 ***	−0.00300	1				
Lev	−0.246 ***	0.056 ***	0.036 ***	−0.014 **	0.496 ***	1			

续表

	Tobin *Q*	ESG	Top 1	Dir	Size	Lev	Growth	CF	FA
Growth	0.045 ***	−0.00800	−0.013 **	0.010	−0.059 ***	−0.116 ***	1		
CF	0.016 **	0.00800	0.00800	−0.000	0.015 **	−0.042 ***	0.480 ***	1	
FA	0.014 **	0.019 ***	−0.135 ***	−0.026 ***	0.148 ***	0.140 ***	−0.162 ***	−0.012 *	1
Soe	−0.157 ***	0.261 ***	0.230 ***	−0.069 ***	0.364 ***	0.300 ***	−0.175 ***	−0.016 **	0.128 ***

注：*** 、** 、* 分别表示 1%、5%、10%的显著性水平。

4.2 基准回归分析

表 4-4 第(1)列报告了混合最小二乘估计的结果，第(2)列报告了考虑行业和时间的双向固定效应模型估计的结果。从回归结果来看，ESG 的系数在 1%的水平上显著，说明 ESG 与企业价值之间存在正相关关系，即企业 ESG 评级每提升一个等级，企业价值将提高 4.1%。

表 4-4 ESG 表现对企业价值的影响

变量	(1) OLS	(2) FE
ESG	0.061 *** (6.61)	0.041 *** (4.59)
Top 1	−0.002 *** (−3.60)	−0.001 (−1.13)

续表

变量	(1) OLS	(2) FE
Dir	0.015*** (7.54)	0.009*** (5.30)
Size	−0.420*** (−33.13)	−0.430*** (−32.63)
Lev	−0.007*** (−9.94)	−0.004*** (−5.40)
Growth	−0.000 (−0.69)	−0.000 (−0.68)
CF	0.003** (2.16)	0.003** (2.15)
FA	0.011*** (5.94)	0.008*** (4.13)
Soe	−0.058** (−2.55)	−0.041* (−1.83)
截距项	10.870*** (43.19)	11.603*** (33.63)
F 检验		53.55*** (0.00)
Hausman 检验		186.39*** (0.00)
行业效应	否	是
时间效应	否	是
样本量	20471	20437
调整 R^2	0.161	0.335

注：***、**、* 分别表示1%、5%、10%的显著性水平。

4.3 ESG 表现影响企业价值的作用机制分析

4.3.1 网络关注度

本节检验网络关注度如何影响 ESG 和企业价值之间的关系。使用网络搜索指数衡量上市企业网络关注度 Attention。网络搜索指数是以百度平台上各种网络搜索数据为基础，综合新闻舆情等信息计算得到的综合搜索指数，可以反映网民情绪、公司搜索热度等情况，是衡量上市公司关注度及其变化的关键指标。该指数来自 CNRDS（中国研究数据服务平台）数据库中的网络搜索指数数据库（WSVI），WSVI 提供了 2011 年以来我国上市公司的网络搜索指数数据。基于此，建立以下检验模型：

$$\text{Attention}_{i,t}=\beta_0+\beta_1\text{ESG}_{i,t}+\gamma Z_{i,t}+\sum\text{Industry}_i+\sum\text{Year}_t+\varepsilon_{i,t+1}\quad(4\text{-}1)$$

$$\text{Tobin } Q_{i,t+1}=\beta_0+\beta_1 \text{ESG}_{i,t}+\beta_2 \text{Attention}_{i,t}+\gamma Z_{i,t}+\sum \text{Industry}_i+\sum \text{Year}_t+\varepsilon_{i,t+1} \quad (4\text{-}2)$$

回归结果如表 4-5 第(2)、(3)列所示。由第(2)列可知，ESG 对 Attention 的回归系数为 0.020，且在 1%水平下显著为正，说明 ESG 表现越好的企业越容易引起社会的关注。第(3)列显示，在加入 Attention 后，ESG 对 Tobin Q 的回归系数为 0.030，结果依然在 1%水平下显著，Attention 对 Tobin Q 的回归系数为 0.464 且在 1%水平下显著，表明网络关注度在 ESG 表现的企业价值效应中起着部分中介作用。

4.3.2 融资约束

为检验融资约束对 ESG 和企业市值之间关系的影响，使用期末财务费用与期初总负债的比值来衡量企业债务融资成本 KZ，并构建如下模型：

$$\text{KZ}_{i,t}=\beta_0+\beta_1 \text{ESG}_{i,t}+\gamma Z_{i,t}+\sum \text{Industry}_i+\sum \text{Year}_t+\varepsilon_{i,t+1} \quad (4\text{-}3)$$

$$\text{Tobin } Q_{i,t+1}=\beta_0+\beta_1 \text{ESG}_{i,t}+\beta_2 \text{KZ}_{i,t}+\gamma Z_{i,t}+\sum \text{Industry}_i+\sum \text{Year}_t+\varepsilon_{i,t+1} \quad (4\text{-}4)$$

表4-5第(4)列中ESG对KZ的回归系数为−0.045，且在5%水平下显著为负，说明良好的ESG表现能够降低融资成本，缓解企业融资约束。第(5)列显示，在加入KZ后，ESG的回归系数为0.040，结果依然在1%水平下显著，KZ的回归系数为−0.013且在1%水平下显著，ESG表现通过缓解融资约束对提升企业价值起到部分中介效用。

表4-5 作用机制分析

变量	(1) Tobin *Q*	(2) Attention	(3) Tobin *Q*	(4) KZ	(5) Tobin *Q*
ESG	0.041*** (4.59)	0.020*** (6.06)	0.030*** (3.47)	−0.045** (−2.23)	0.040*** (4.56)
Attention			0.464*** (22.00)		
KZ					−0.013*** (−4.20)
Top 1	−0.001 (−1.13)	−0.005*** (−21.70)	0.002*** (2.60)	−0.014*** (−8.48)	−0.001 (−1.43)
Dir	0.009*** (5.30)	0.003*** (5.09)	0.008*** (4.66)	−0.003 (−0.78)	0.009*** (5.27)
Size	−0.430*** (−32.63)	0.300*** (79.54)	−0.571*** (−37.70)	−0.064*** (−2.87)	−0.432*** (−32.75)
Lev	−0.004*** (−5.40)	−0.001*** (−3.60)	−0.004*** (−4.95)	0.103*** (57.14)	−0.003*** (−3.05)
Growth	−0.000 (−0.68)	−0.002*** (−17.51)	0.001** (2.00)	−0.001 (−0.90)	−0.000 (−0.69)
CF	0.003** (2.15)	0.002*** (4.52)	0.002 (1.57)	−0.043*** (−10.99)	0.002* (1.71)
FA	0.008*** (4.13)	0.002*** (3.58)	0.007*** (3.72)	−0.000 (−0.07)	0.008*** (4.14)
Soe	−0.041* (−1.83)	0.064*** (7.73)	−0.072*** (−3.25)	−0.448*** (−9.01)	−0.047** (−2.07)

续表

变量	(1) Tobin Q	(2) Attention	(3) Tobin Q	(4) KZ	(5) Tobin Q
Constant	11.603*** (33.63)	0.576*** (5.23)	11.355*** (34.62)	−0.395 (−0.45)	11.602*** (33.57)
行业效应	是	是	是	是	是
时间效应	是	是	是	是	是
样本量	20437	24378	20437	24342	20437
调整 R^2	0.331	0.511	0.352	0.301	0.332

注：***、**、*分别表示1%、5%、10%的显著性水平。

4.4 异质性分析

4.4.1 企业规模对ESG价值效应的影响

按企业规模进行分组，按照上市企业规模的平均值，将企业规模大于(小于等于)其平均值的企业划分为大(小)规模企业。表4-6第(1)和(2)列汇报了分组回归结果，大规模企业(large) ESG回归系数在1%水平上显著为正，小规模企业(small)不显著。该结果表明对于规模越大的企业，提升ESG表现对企业价值的提升作用越明显。

4.4.2 企业成熟度对 ESG 价值效应的影响

按企业成立时间进行分组，企业成立时间大于（小于等于）15 年的企业划分为成熟型（成长型）企业。表 4-6 第（3）和（4）列汇报了分组回归结果，成熟型企业（mature）的 ESG 回归系数在 1%水平上显著为正，成长型企业（growth）的 ESG 回归系数在 10%水平上显著为正，且成熟型企业的 ESG 回归系数高于成长型企业，表明对于越成熟的企业，提升 ESG 表现对企业价值的提升作用越明显。

4.4.3 重污染行业对 ESG 价值效应的影响

根据中国证券监督管理委员会 2012 年修订的《上市公司行业分类指引》，将以下行业定义为重污染行业：B06、B07、B08、B09、C15、C17、C18、C19、C22、C25、C26、C27、C28、C29、C31、C32、D44、D45。

将上述 18 个行业设置为重污染行业，进行分组回归检验，表 4-6第（5）和（6）列汇报了分组回归结果。虽然重污染行业（sensitive）和非重污染行业（insensitive）ESG 系数均为正且显著，但重污染行业系数在5%水平上显著为正，非重污染行业系数在1%水平上显著为正，且重污染行业的回归系数明显小于非重污染行业，说明非重污染企业的ESG表现对企业价值的提升作用更为明显。

表4-6　企业异质性对ESG价值效应的影响

变量	(1) small	(2) large	(3) mature	(4) growth	(5) sensitive	(6) insensitive
ESG	0.001 (0.06)	0.049*** (5.27)	0.048*** (4.53)	0.032* (1.95)	0.033** (2.17)	0.068*** (6.25)
Top 1	−0.004*** (−4.27)	0.001** (2.00)	−0.001 (−1.20)	−0.001 (−0.57)	−0.000 (−0.28)	−0.003*** (−4.44)
Dir	0.006*** (2.64)	0.001 (0.35)	0.008*** (3.82)	0.009*** (3.21)	0.007* (1.92)	0.015*** (7.41)
Size	−0.972*** (−30.76)	−0.115*** (−9.27)	−0.480*** (−27.37)	−0.332*** (−18.72)	−0.413*** (−16.88)	−0.431*** (−30.35)
Lev	0.001 (1.50)	−0.011*** (−13.06)	−0.002* (−1.95)	−0.009*** (−8.99)	−0.009*** (−5.83)	−0.007*** (−9.50)
Growth	−0.001** (−2.24)	0.003*** (5.47)	0.001 (1.11)	−0.001 (−1.17)	0.002** (2.03)	−0.000 (−0.19)
CF	0.002 (1.04)	0.006*** (3.13)	0.004* (1.89)	0.001 (0.81)	0.003 (0.99)	0.003** (2.01)
FA	0.021*** (7.37)	−0.009*** (−4.79)	0.010*** (3.72)	0.024*** (3.99)	0.019*** (4.59)	0.004* (1.76)
Soe	0.037 (1.06)	−0.128*** (−5.43)	−0.105*** (−3.79)	0.142*** (3.43)	−0.098** (−2.38)	−0.008 (−0.31)
截距项	22.813*** (31.89)	5.808*** (13.12)	12.987*** (19.42)	9.086*** (20.53)	12.452*** (18.26)	10.453*** (38.09)
行业效应	是	是	是	是	否	否
时间效应	是	是	是	是	是	是
样本量	11602	8835	12937	7500	5747	14724
调整 R^2	0.366	0.284	0.319	0.369	0.255	0.278

注：***、**、*分别表示1%、5%、10%的显著性水平。

4.5 结论

本章考察A股上市公司的ESG表现和企业价值之间的关联性，确认ESG表现是如何影响企业价值的。结果发现，ESG表现具有价值效应，能够显著提升企业价值。ESG表现通过不同的作用渠道实现价值效应，网络关注度和融资成本均在ESG表现的企业价值效应中起着一定的中介作用。

同时，异质性分析显示，规模越大的企业、成立时间越长的企业、非重污染企业的ESG表现具有更强的价值效应。对于小规模或者成立时间短的企业来说，其ESG实践中所付出的成本对公司整体影响较大，收益的提升不能弥补成本提升带来的损失。

5

ESG筛选策略在A股市场的有效性

• ESG 投资策略能否为资管机构带来稳定的超额收益这一命题尚未在中国市场得到系统验证。本章检验正向、负向两类 ESG 筛选策略在中国市场的有效性，比较两类策略的优劣并进行超额收益归因，探究不同行业的收益差异，以丰富 ESG 投资的方法论框架，为 ESG 理念在我国市场的投资实践提供参考。

5.1 ESG 因子在 A 股市场的择股能力检验

5.1.1 ESG 评级数据的选取依据与样本来源

基于数据的分布特征，选取 Wind ESG 评级作为 ESG 因子的代理变量。经统计发现，Wind ESG 评级分布良好，接近于正态分布，Wind ESG 评级是 ESG 因子的良好代理变量。

Wind ESG 评级数据起始于 2018 年 1 月，本章使用的 ESG 数据样本涵盖 2018 年 1 月至 2022 年 3 月有 Wind ESG 数据的全体 A 股。在 Wind ESG 评级中，上市公司的 ESG 评级包括 7 个级别——CCC、B、BB、BBB、A、AA、AAA（按照从低到高的顺序排列）。为了方便后续的检验，对该 7 个级别用 1～7 的数值进行代替。

采取分组测试与 Fama-MacBeth 回归模型验证 2018 年 1 月至 2022 年 3 月 ESG 因子的择股能力，具体结果如图 5-1 所示。

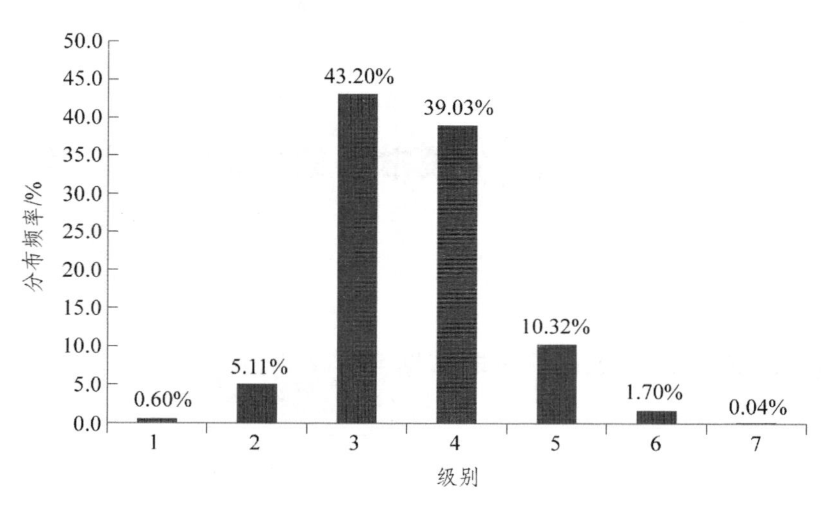

图 5-1　Wind ESG 评级分布

5.1.2 分组测试方法检验因子择股能力

通过对因子进行分组测试来检验因子的有效性是业界因子检验中常用的方法。对于一个月度因子而言，具体方法：在每个月月末，根据因子的大小将股票平均分为若干组（以分 10 组为例），第 1 组的股票因子值在 0 至 10 分位数之间，第 2 组股票因子值在 10 至 20 分位数之间……第 10 组股票因子值在 90 至 100 分位数之间，如此构造 10 个股票组合，每个组合内部等权分配资金，持有该组合至下个月月末，这样每一组均持有因子值在固定分位数区间的股票（如第 1 组始终持有前一个月月末因子值在 0 至 10 分位数之间的股票)。再通过做多第 10 组、做空第 1 组来构造一个零成本组合(即多空组),通过检验这个零成本组合收益的显著性来检验因子的有效性。

根据多空组的净值曲线可以判断因子的选股能力。如果该因子是一个正向的选股因子,则多空组的净值曲线将持续稳定地上行;如果该因子是一个负向的选股因子,则多空组的净值曲线将持续稳定地下行;如果该因子是一个无效的选股因子,则多空组的净值曲线将呈现随机波动的状态。

基于上述分组测试的思路,每个月月末根据 ESG 评级的高低将股票分为第 1 组和第 2 组,模拟出了 1 组(ESG 评级低)、2 组(ESG 评级高)以及多空组(做多第 2 组,做空第 1 组)的净值曲线,如图 5-2 所示。

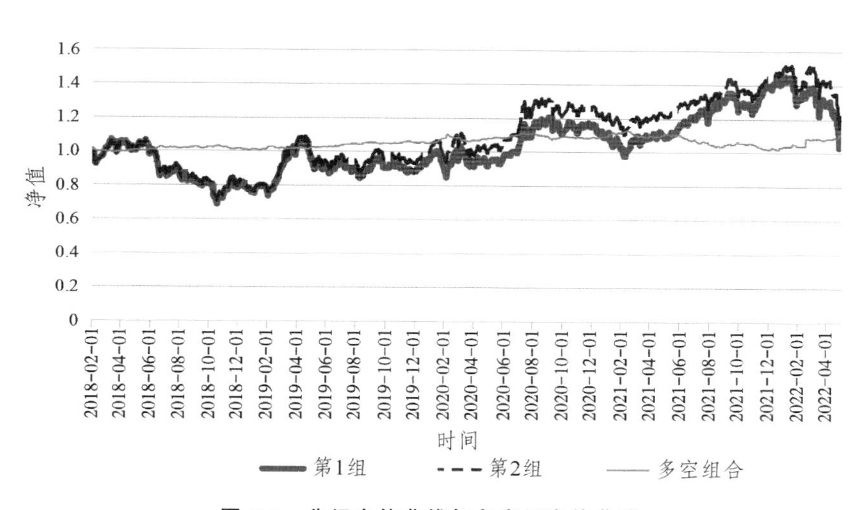

图 5-2 分组净值曲线与多空组净值曲线

如表 5-1 所示，2018 年 2 月至 2022 年 4 月，ESG 评级较低的第 1 组总收益率为 8.50%，年化收益率为 2.01%，夏普比率为 −0.04，最大回撤为 35.65%。ESG 评级较高的第 2 组总收益率为 21.78%，年化回报率 4.91%，夏普比率为 0.08，最大回撤为 33.27%。即高 ESG 组的收益率更高，波动率更低，夏普比率更高。

表 5-1　分组测试法的检验结果

选股范围	总收益率/%	年化收益率/%	夏普比率	最大回撤/%	最大回撤起止时间
第 1 组（ESG 评级低）	8.50	2.01	−0.04	35.65	2018-03-13 至 2018-10-18
第 2 组（ESG 评级高）	21.78	4.91	0.08	33.27	2018-05-23 至 2018-10-18
多空组（做多第 2 组，做空第 1 组）	11.07	2.59	−0.10	9.87	2021-02-18 至 2021-12-01

注：假定无风险利率是 3%，一年有 250 个交易日。

从多空组的角度来看，多空组的总收益率为 11.07%，年化收益率为 2.59%，夏普比率为 −0.10，最大回撤为 9.87%，即 ESG 因子在全部 A 股中选股的稳定性较差。特别是在 2021 年 2 月 18 日至 2021 年 12 月 1 日期间，多空组合发生了持续的回撤，因此，有必要挖掘影响 ESG 因子择股能力的影响因素，以提高 ESG 因子的选股能力。

表 5-1 结果显示，2018 年 1 月至 2022 年 3 月，ESG 评级较高的股票相对评级较低的股票有一定的超额回报，但是这种差异非常不稳定，ESG 正向筛选策略的有效性有待进一步确认。

5.1.3 Fama-MacBeth 回归检验因子择股能力

为了进一步验证 ESG 因子有效性，引入 Fama-MacBeth 回归模型。

$$R_{i,t}=\alpha_i+\beta_{1,i}\mathrm{MKT}_t+\beta_{2,i}\mathrm{ESG}_t+\varepsilon_{i,t} \tag{5-1}$$

$$R_{i,t}=\alpha_{i,t}+\hat{\beta}_{1,i}\lambda_{1t}+\hat{\beta}_{2,i}\lambda_{2t}+\varepsilon_{i,t} \tag{5-2}$$

$$\hat{\lambda}=\frac{1}{T}\sum_{t=1}^{T}\hat{\lambda_t} \qquad \hat{\alpha}=\frac{1}{T}\sum_{t=1}^{T}\hat{\alpha_t} \tag{5-3}$$

Fama-MacBeth 模型采用两步回归的形式来验证股票收益率与因子暴露的关系：首先通过回归(1)估计出股票收益率在每个因子上的暴露值 $\hat{\beta}_i$ ，随后在每个时间维度 t 上，对其进行截面回归，然后取 t 次回归的均值作为参数估计值。其中 MKT_t 表示市场因子，ESG_t 表示 ESG 正面筛选因子。

为提高结果稳健性，在单因子模型的基础上引入了 SMB_t（市值因子）、HML_t（账面市值比因子）、UMD_t（动量因子），构建了包含 ESG 因子的五因子模型。

以回归(1)和(3)为对照组，分别考虑了单因子模型和四因子模型；回归(2)和(4)分别在模型的基础上加入了 ESG 因子。表 5-2 结果显示，ESG 因子回归系数在 5%的水平上显著为正。

从经济学含义上来讲，ESG 评级越高，持有该股票获得的收益越大。

回归(1)：$R_{i,t} = \alpha_i + \beta_i \mathrm{MKT}_t + \varepsilon_{i,t}$

回归(2)：$R_{i,t} = \alpha_i + \beta_{1,i} \mathrm{MKT}_t + \beta_{2,i} \mathrm{ESG}_t + \varepsilon_{i,t}$

回归(3)：$R_{i,t} = \alpha_i + \beta_{1,i} \mathrm{MKT}_t + \beta_{2,i} \mathrm{SMB}_t + \beta_{3,i} \mathrm{HML}_t + \beta_{4,i} \mathrm{UMD}_t + \varepsilon_{i,t}$

回归(4)：$R_{i,t} = \alpha_i + \beta_{1,i} \mathrm{MKT}_t + \beta_{2,i} \mathrm{SMB}_t + \beta_{3,i} \mathrm{HML}_t + \beta_{4,i} \mathrm{UMD}_t + \beta_{5,i} \mathrm{ESG}_t + \varepsilon_{i,t}$

表 5-2　Fama-MacBeth 回归模型检验结果

	(1)	(2)	(3)	(4)
α	0.9840*** (0.1350)	0.9742*** (0.0876)	0.9878*** (0.0781)	0.9313*** (0.0830)
MKT	0.0035 (0.0077)	0.0036 (0.0077)	0.0033 (0.0073)	0.0033 (0.0075)
SMB			0.0008 (0.0047)	0.0003 (0.0046)
HML			0.0061 (−0.4209)	−0.0028 (0.0060)
UMD			0.0082 (0.8807)	0.0074 (0.0071)
ESG		0.0053** (0.0026)		0.0054** (0.0025)

5.2 对ESG因子的进一步分类检验

5.2.1 基于市值因子的情景分析

市值是大多数股票因子的重要影响因素，为了研究市值对ESG因子的影响，本章节以市值为分类标准进行进一步的细化研究。将全部A股分成了大市值（市值较大的50%股票）和小市值（市值较小的50%股票），分别检验其多空组的表现，发现无论是大市值组还是小市值组，因子的多空组年化收益率和最大回撤均优于未分组的因子，即市值对ESG因子有重要的影响。

为了剔除市值对ESG因子的影响，对因子进行市值中性化处理，并对中性化后的因子进行分组测试，发现中性化后的ESG因子多空组年化收益率达到了7.35%，夏普比率接近1。

图5-3和表5-3结果表明，ESG因子的表现受到股票市值的影响，市值中性化后的ESG因子表现要明显优于原始ESG因子。

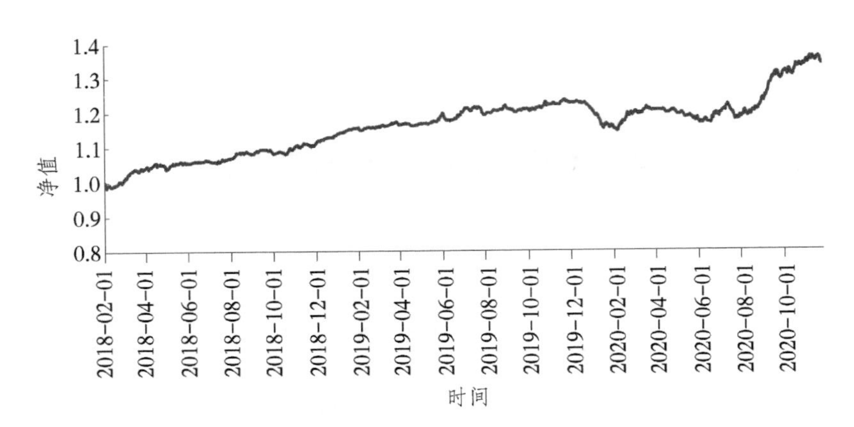

图 5-3　市值中性化后 ESG 因子的收益

注：各大组的多空组均为在各大组内根据因子大小将股票平均分为 3 组后，通过做多第 3 组、做空第 1 组所得。

表 5-3　市值对 ESG 因子的具体影响

选股范围	回测时间	总收益率/%	年化收益率/%	夏普比率	最大回撤/%	最大回撤起止时间
全部 A 股	2018-01-31 至 2022-04-29	11.07	2.59	−0.10	9.87	2021-02-18 至 2021-12-01
市值较小的 50%股票	2018-01-31 至 2022-04-29	12.48	2.90	−0.03	6.03	2020-07-14 至 2021-08-11
市值较大的 50%股票	2018-01-31 至 2022-04-29	13.26	3.08	0.02	10.05	2021-03-16 至 2021-11-29
全部 A 股（市值中性化 ESG 因子）	2018-01-31 至 2022-04-29	33.80	7.35	0.98	7.33	2020-10-26 至 2021-02-09

5.2.2 ESG 分项的择股能力检验

为了进一步对 ESG 策略的收益来源进行归因，以检验 E、S 和 G 三个分项的多空组的表现来检验 ESG 因子的 Alpha 来源。在对 E、S 和 G 三个分项进行测试前，均已进行市值中性化，具体的测试过程为：将每个月月末原始因子和对应的市值进行回归取残差，然后根据残差大小从小到大平均分为组 1、组 2 和组 3 三组，组内等权分配资金，在整个测试时间区间形成 3 条净值曲线，其中多空组的净值曲线由组 3 的收益率减组 1 的收益率生成。

如图 5-4、表 5-4 所示，E、S 和 G 分项均有一定的择股能力。其中，E 分项的截面择股能力最强，S 分项的截面选股能力最稳定，G 分项的截面选股能力稳定性最差，但是 G 分项的近期选股能力增强。

既然 E、S 和 G 分项均有一定的择股能力，那 ESG 因子的择股能力在多大程度上可以被各分项解释？为了量化各分项对 ESG 因子多空组超额收益的解释程度，将每个月 ESG 因子的多空组收益对 E、S、G 各分项的多空收益进行回归，得到 ESG 因子在各分项上的暴露（Beta）情况。

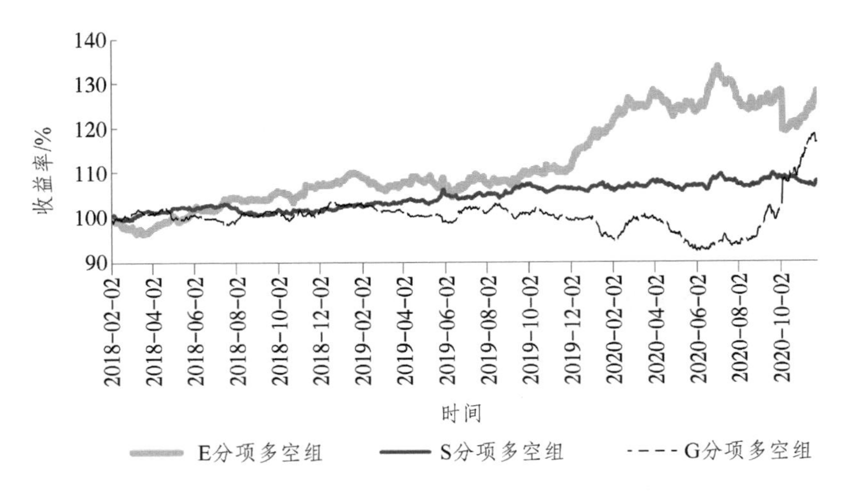

图 5-4 各分项多空组表现(各因子均剔除市值的影响)

表 5-4 各分项多空组检验结果(各因子均剔除市值的影响)

选股范围	回测时间	总收益率/%	年化收益率/%	夏普比率	最大回撤/%	最大回撤起止时间
全部 A 股(E 因子)	2018-01-31 至 2022-04-29	27.00	5.99	0.48	10.86	2021-09-23 至 2022-02-23
全部 A 股(S 因子)	2018-01-31 至 2022-04-29	8.03	1.90	−0.41	2.82	2022-01-21 至 2022-04-25
全部 A 股(G 因子)	2018-01-31 至 2022-04-29	16.72	3.83	0.14	10.97	2019-06-06 至 2021-08-06

如图 5-5 所示，发现 ESG 因子的多空组收益率在 E 分项上有持续的负向暴露，在 S、G 分项上有持续的正向暴露。与上文的结论一致，再次说明 E 分项的择股能力最强，S 分项的截面选股能力最稳定，G 分项的截面选股能力稳定性最差，但是 G 分项的近期选股能力增强。

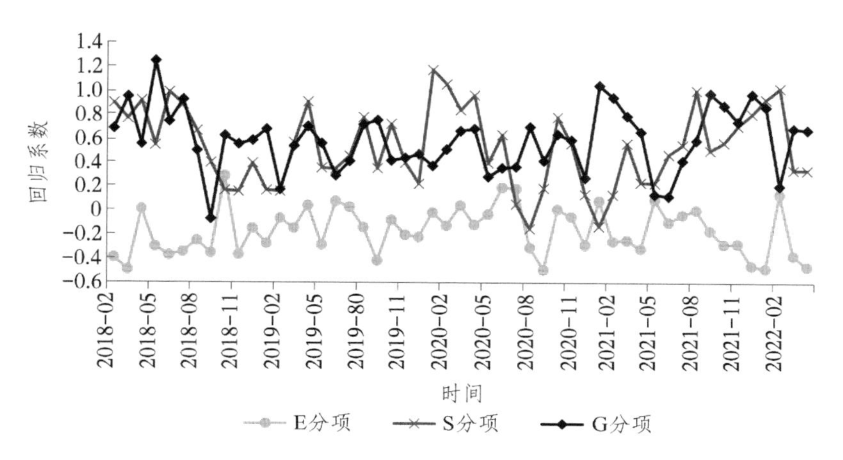

图 5-5　ESG 因子在各分项上的暴露情况

5.2.3 正向筛选还是负向剔除？

既然 ESG 因子有择股能力，那么在实践中应该怎么使用 ESG 因子进行择股？是用 ESG 因子筛选“好”的股票还是用 ESG 因子剔除“差”的股票？

为了比较多头组和空头组对多空组收益的解释程度，图5-6、表 5-5 对比了多头组相对于等权组的超额收益曲线和等权组相对于空头组的超额收益曲线，发现用 ESG 因子来进行负向剔除要优于正向筛选，即 ESG 负面筛选策略更适用于中国市场。

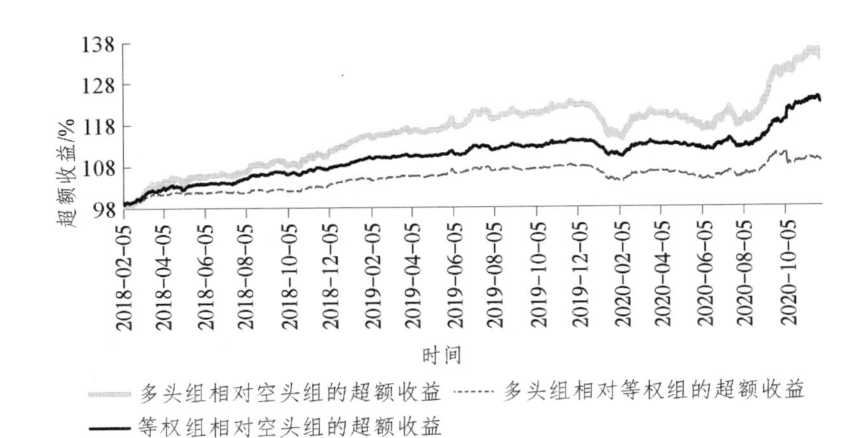

图 5-6　ESG 负面筛选策略结果

表 5-5　ESG 负面筛选策略的具体检验结果

选股范围	回测时间	总收益率/%	年化收益率/%	夏普比率	最大回撤/%	最大回撤起止时间
全部 A 股（多头组相对空头组）	2018-01-31 至 2022-04-29	33.80	7.35	0.98	7.33	2020-10-26 至 2021-02-09
全部 A 股（多头组相对等权组）	2018-01-31 至 2022-04-29	8.94	2.11	−0.36	3.94	2020-10-26 至 2021-02-10
全部 A 股（等权组相对空头组）	2018-01-31 至 2022-04-29	22.99	5.17	0.81	3.60	2020-10-27 至 2021-02-09

5.2.4 基于行业的情景分析

如此前分析，ESG 因子的表现受到股票市值的影响，那么 ESG 因子的表现会受到股票所在行业属性的影响吗？根据文献梳理，资本密集型行业（如钢铁、电子、煤炭等）的企业在生产过程中更可能对环境产生负面影响，从而受到监管处罚，其社会形象受损，ESG 因子在这些行业中的筛选效果更好。因此提出假设：ESG 因子在资本密集型行业的筛选效果要优于劳动密集型行业。为验证假设，如表 5-6 所示，将行业具体划分为资本密集型和劳动密集型进行检验。

表 5-6 行业分类标准

劳动密集型行业		资本密集型行业	
801110 家用电器	801790 非银金融	801020 采掘	801180 房地产
801120 食品饮料	801980 美容护理	801030 基础化工	801230 综合
801130 纺织服饰	801760 传媒	801040 钢铁	801710 建筑材料
801200 商贸零售	801780 银行	801050 有色金属	801720 建筑装饰
801210 社会服务		801080 电子	801730 电力设备
		801140 轻工制造	801740 国防军工
		801150 医药生物	801170 交通运输
		801160 公用事业	801890 机械设备
		801750 计算机	801950 煤炭
		801770 通信	801960 石油石化
		801880 汽车	

注：本表参照申万行业分类标准。

对比资本密集型行业和劳动密集型行业的回测结果(见图5-7、表5-7),不难发现,ESG在资本密集型行业中有较优的选股能力,验证了此前的理论假设。

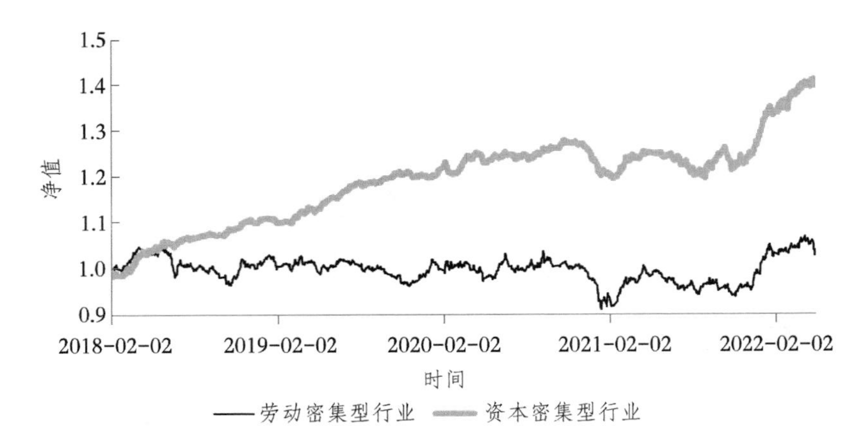

图 5-7　区分资本密集型和劳动密集型公司的 ESG 因子筛选结果

表 5-7　区分资本密集型和劳动密集型公司的 ESG 因子检验结果

选股范围	回测时间	总收益率/%	年化收益率/%	夏普比率	最大回撤/%	最大回撤起止时间
全部A股(劳动密集型)	2018-01-31至2022-04-29	3.77	0.91	−0.30	13.08	2018-04-03至2021-01-13
全部A股(资本密集型)	2018-01-31至2022-04-29	39.93	8.52	1.24	6.50	2020-10-26至2021-02-09

5.2.5 指数增强模型中的效果

市值因子是典型的风险因子,那么控制了市值因子后,ESG

因子还有择股能力吗？行业是影响ESG因子的重要因素，那么控制行业因子后，ESG因子的表现如何？ESG因子的择股能力只能体现在多空组吗？沪深300和中证500是现在市场最关注的指数，那么ESG在沪深300及中证500中的表现如何？

为了回答上述问题，将ESG因子应用在指数增强模型中，检验ESG因子在控制市值和行业因子暴露后相对沪深300及中证500的超额回报。

指数增强模型的具体检验方法如下：

$$\max\ \text{alpha}^{\mathrm{T}} w$$

$$\text{s.t.}\ 1)\ s_{\mathrm{l}} \leqslant \boldsymbol{X}(w - w_{\mathrm{b}}) \leqslant s_{\mathrm{h}}$$

$$2)\ h_{\mathrm{l}} \leqslant \boldsymbol{H}(w - w_{\mathrm{b}}) \leqslant h_{\mathrm{h}}$$

$$3)\ w_{\mathrm{l}} \leqslant w - w_{\mathrm{b}} \leqslant w_{\mathrm{h}}$$

$$4)\ 0 \leqslant w$$

$$5)\ 1^{\mathrm{T}} w = 1$$

$$6)\ b_{\mathrm{l}} \leqslant I_{\mathrm{b}} w \leqslant b_{\mathrm{h}}$$

上式中，alpha是个股的ESG得分，w是需要优化的投资组合权重，优化的目标是最大化组合的alpha。

约束条件中：

①$\boldsymbol{X}$为个股的风格因子暴露矩阵，w_{b}为基准指数的成份股权重，条件约束了组合相对基准指数的风格偏离幅度。本章节约束组合的市值偏离度为0，即s_{l}和s_{h}均为0。

②$\boldsymbol{H}$ 为个股的行业暴露矩阵，条件约束了组合相对基准指数的行业偏离幅度。本章节约束组合的行业偏离的上、下限为10%，即 h_l 为−10%，h_h 为 10%。

③约束组合个股相对基准指数成份股权重的最大偏离。本章节约束最大偏离为 10%，即 w_l 为−10%，w_h 为 10%。

④约束组合个股权重非负。

⑤约束组合个股权重和为 1。

⑥I_b 为个股是否属于基准指数成份股的示性函数，该约束条件约束组合在基准指数成份股权重的上下限。本章节约束组合在基准指数成份股权重的下限为 80%，上限为 100%，即 b_l 为 80%，b_h 为 100%。

通过检验指数增强组合相对指数的超额收益的显著性可以检验 ESG 因子的择股能力。

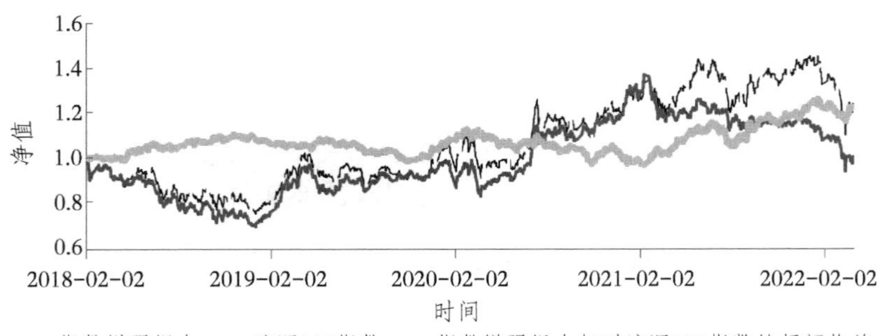

图 5-8　沪深 300 指数增强模型的检验结果

表 5-8 沪深 300 指数增强模型的具体检验结果

	回测时间	总收益率/%	年化收益率/%	夏普比率	最大回撤/%	最大回撤起止时间
沪深 300 指数增强组合收益	2018-01-31 至 2022-04-29	22.74	5.21	0.10	24.92	2018-02-06 至 2019-01-03
增强组合相对沪深 300 指数的超额收益	2018-01-31 至 2022-04-29	22.28	5.12	0.19	14.24	2020-02-26 至 2021-02-10
沪深 300 指数收益	2018-01-31 至 2022-04-29	−0.55	−0.14	−0.15	31.40	2021-02-18 至 2022-03-15

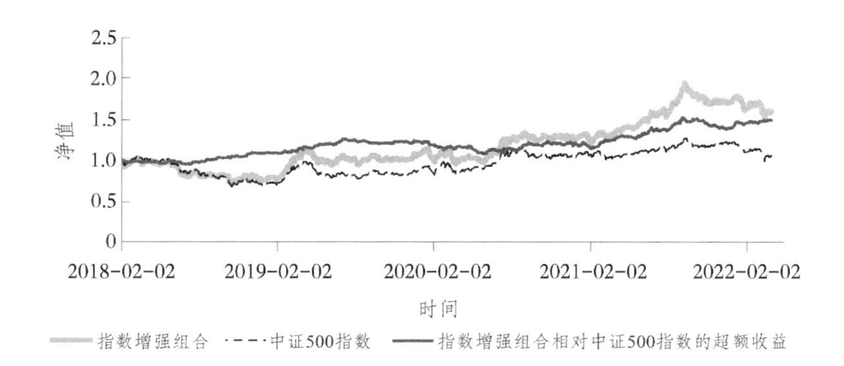

图 5-9 中证 500 指数增强模型的检验结果

表 5-9 中证 500 指数增强模型的具体检验结果

	回测时间	总收益率/%	年化收益率/%	夏普比率	最大回撤/%	最大回撤起止时间
中证 500 指数增强组合收益	2018-01-31 至 2022-04-29	60.71	12.49	0.40	31.85	2018-03-13 至 2018-10-18
增强组合相对中证 500 指数的超额收益	2018-01-31 至 2022-04-29	50.50	10.67	0.79	14.54	2019-07-05 至 2020-05-29
中证 500 指数收益	2018-01-31 至 2022-04-29	5.68	1.38	−0.07	36.17	2018-03-13 至 2018-10-18

图5-8、表5-8、图5-9、表5-9的结果显示，即使在控制了组合的市值风险暴露及行业暴露后，ESG因子依旧能带来相对指数成份股的超额回报。

5.3 结论

根据实证结果有如下结论：首先，ESG因子具有一定的择股能力，经过市值中性化处理后的ESG因子的择股能力会显著增强，并且ESG负向筛选策略在我国A股市场获取超额收益的能力超过正向筛选策略；其次，通过ESG因子获取超额收益的能力受企业市值和所属行业的影响，ESG因子在资本密集型的行业中有较优的选股能力；最后，为了控制市值因子和行业因子对ESG因子的影响，引入市值中性化和行业分类方法，发现ESG因子依旧能带来超额收益。

6

基金ESG评价方法论

• 根据我国上市公司的 ESG 实践和数据可获得性，坚持定性和定量相结合，并将精准扶贫、捐赠、就业贡献、纳税贡献等能体现中国特色的 ESG 指标纳入评级体系，最终构建了国内首个 ESG 基金评价体系。

6.1 上市公司 ESG 评级

6.1.1 上市公司 ESG 评级指标体系

本书参考 MSCI、嘉实、商道融绿等主流机构研究设计的 ESG 指标体系，亦充分借鉴《中证指数有限公司 ESG 评价方法》、PRI《中国的 ESG 数据披露：关键 ESG 指标建议》等较为成熟的研究成果，使用比较研究法和实证研究法来构建指标体系，即在广泛参考国际、国内研究成果的基础上，分层分级进行了比较、归纳和总结，并基于我国上市公司的 ESG 实践和数据可获得性，构建 ESG 评价指标体系。

在评价指标选取和处理上，坚持定性和定量相结合。定量指标主要是年度报告和社会责任报告中可计量、可比较的指标，定性指标主要是社会责任报告的描述性指标。以定量指标为主，将其作为关键指标和评价基础；以定性指标为辅助和调整指标。同时充分利用各信息来源，以上市公司年度报告、公告、社会责任报告、可持续发展报告、ESG 报告等信息披露为基础，拓展外部数据和其他信息来源，引入政府数据和其他机构数据，形成涵盖企业自身、所在行业和市场、政府包括监管部门乃至社会评价的社会责任评价体系。

此外，考虑到中国仍长期处于发展中国家阶段，对绿色企业、绿色项目的界定标准与国际存在一定差异，亦纳入精准扶贫、捐赠、就业贡献、纳税贡献等具有中国特色的指标。构建的ESG评价指标体系自上而下分为四个层级，分别为ESG整体评价和E、S、G三个分维度评价、10个主题、78个三级指标。

(1)环境(E)指标

环境(E)共设置4个主题，分别为污染与废物、环境治理效果、环境管理、负面事件。其中，污染与废物主题能够反映排放和消耗的情况，环境治理效果主题从环境产出方面反映减排的情况，环境管理主题从企业运作层面反映企业环境管理制度，负面事件主题从环境产出方面反映企业面临的风险。上述主题可描述上市公司在环境保护方面作出的贡献或对环境造成的负面影响，共包括36个三级指标，如表6-1所示。

表6-1　上市公司ESG评价指标体系之环境类(E)指标

主题	三级指标	指标含义
污染与废物	污染物排放	0＝无描述；1＝定性或定量描述
	废水排放量	0＝无描述；1＝定性或定量描述
	CO_2 排放量	0＝无描述；1＝定性或定量描述
	SO_2 排放量	0＝无描述；1＝定性或定量描述
	COD排放量	0＝无描述；1＝定性或定量描述
	烟尘和粉尘排放量	0＝无描述；1＝定性或定量描述
	工业固废物产生量	0＝无描述；1＝定性或定量描述

续表

主题	三级指标	指标含义
环境治理效果	废水减排治理情况	0=无描述;1=定性或定量描述
	废气减排治理情况	0=无描述;1=定性或定量描述
	粉尘、烟尘治理情况	0=无描述;1=定性或定量描述
	固废利用与处置情况	0=无描述;1=定性或定量描述
	噪声、光污染、辐射等治理情况	0=无描述;1=定性或定量描述
	清洁生产实施情况	0=无描述;1=定性或定量描述
	减少三废的措施	公司为减少废气、废水、废渣及温室气体排放采取的政策、措施或技术,有则为1,否则为0
	污染物排放达标	污染物排放达标赋值为1,否则为0
	环境表彰	公司获得了环境表彰或者其他正面评价,有则为1,否则为0
	环保荣誉或奖励	公司披露在环境保护方面获得的荣誉或奖励,有则为1,否则为0
	对环境有益的产品	公司开发了或运用了对环境有益的创新产品、设备或技术,有则为1,否则为0
	当年独立获得的绿色发明数量	当年独立获得的绿色发明数量

续表

主题	三级指标	指标含义
环境管理	环保理念	公司披露的环保理念、环境方针、环境管理组织结构、循环经济发展模式、绿色发展等情况，有则为1，否则为0
	环保目标	披露公司过去环保目标的完成情况及未来环保目标，有则为1，否则为0
	环保管理制度体系	公司披露制定相关环境管理制度、体系、规定、职责等一系列管理制度，有则为1，否则为0
	环保教育与培训	公司披露参与的环保相关教育与培训，有则为1，否则为0
	环保专项行动	公司披露参与的环保专项活动、环保等社会公益活动，有则为1，否则为0
	环境事件应急机制	公司披露建立环境相关重大突发事件应急机制，采取的应急措施、对污染物的处理情况等，有则为1，否则为0
	是否通过ISO 14001认证	通过ISO 14001审核，有则为1，否则为0
	是否通过ISO 9001认证	通过ISO 9001审核，有则为1，否则为0
	循环经济	公司使用可再生能源或采用循环经济的政策、措施，有则为1，否则为0
	节约能源	公司有节约能源的政策措施或技术，有则为1，否则为0
	绿色办公	公司有绿色办公政策或者措施，有则为1，否则为0
	CSR（企业社会责任）环境信息披露	上市公司社会责任报告是否披露环境相关信息，有则为1，否则为0
	环保投资	公司是否有环保投资，有则为1，否则为0
负面事件	突发环境事故	有突发重大环境污染事件，有则为1，否则为0
	环境违法事件	有发生环境违法事件，有则为1，否则为0
	环境信访案件	有发生环境信访事件，有则为1，否则为0
	环境处罚	公司是否在环境方面受到处罚，有则为1，否则为0

(2)社会类指标

社会(S)共设置三个主题,分别为员工职业健康安全与福利、产品/服务 CSR 质量、社会贡献。其中,员工职业健康安全与福利主题反映公司在员工健康、安全和福利上的投入与产出,产品/服务 CSR 质量主题反映公司产品和服务质量方面的口碑,社会贡献主题衡量企业在纳税、就业、扶贫、援助等领域对社会的积极贡献。共包括 30 个三级指标,如表 6-2 所示。

表 6-2 上市公司 ESG 评价指标体系之社会类(S)指标

主题	三级指标	指标含义
员工职业健康安全与福利	员工福利	公司有非常好的退休及其他福利项目,有则为 1,否则为 0
	安全管理体系	公司采用了安全生产管理体系,有则为 1,否则为 0
	安全生产培训	公司进行了安全生产方面的培训,有则为 1,否则为 0
	职业培训	公司对员工进行了职业培训,有则为 1,否则为 0
	是否披露安全生产内容	1 代表是,0 代表否
	裁员	如公司最近年份进行了大量的裁员,则为 1,否则为 0
	没有女性高管	董事、监事、高管中没有女性,则为 1,否则为 0
	融资纠纷	公司在借款或者投资方面产生了纠纷和争议,有则为 1,否则为 0

续表

主题	三级指标	指标含义
产品/服务/CSR质量	质量体系	公司产品质量管理体系，有则为1，否则为0
	售后服务	公司不断完善其售后服务，有则为1，否则为0
	客户满意度调查	公司进行了客户满意度调查，有则为1，否则为0
	质量荣誉	公司在产品质量方面获得了认证和荣誉，有则为1，否则为0
	是否披露公司存在的不足	1代表是，0代表否
	可靠性保证	CSR报告的可靠性保证，有则为1，否则为0
	CSR专栏	公司主页是否设置CSR专栏，有则为1，否则为0
	CSR愿景	公司有否对经济、社会、环境负责任的理念、愿景或价值观，有则为1，否则为0
	CSR培训	进行了CSR培训，有则为1，否则为0
	CSR领导机构	公司是否建立了CSR领导机构或有明确CSR主管部门，有则为1，否则为0
	CSR报告全面性	社会责任信息覆盖范围是否全面，社会责任报告如果覆盖到了股东、债权人、职工、客户、社区与环境6个方面或其明确表示采用了G3标准编写体系，有则为1，否则为0
	是否参照全球报告倡议组织GRI《可持续发展报告指南》	1代表是，0代表否
	是否披露社会责任制度建设及改善措施	1代表是，0代表否
	是否披露公共关系和社会公益事业	1代表是，0代表否

续表

主题	三级指标	指标含义
社会贡献	社会捐赠额/万元	公司统计年度社会捐赠总额
	扶贫总金额/万元	公司统计年度扶贫总额
	专利数目	公司当年独立以及联合获得的专利总数
	支持教育	公司支持教育的行为,如创办学校、为希望工程捐款、资助贫困学生等,有则为1,否则为0
	支持慈善	公司支持慈善捐赠事业的项目,如公司建立自己的慈善基金,或者与其他组合合作推广慈善事业,有则为1,否则为0
	志愿者活动	公司杰出的志愿者活动,有则为1,否则为0
	带动就业	公司带动就业的政策或者措施,并得到相应的执行,有则为1,否则为0
	促进当地经济	公司运营对当地社区经济发展的促进作用,以及带动当地经济发展的政策、措施,如本地化采购政策、本地化雇佣政策等,有则为1,否则为0

(3)公司治理类指标

公司治理(G)共设置三个主题,分别为内部治理、信息披露、外部治理。其中,内部治理主题反映董事会架构、管理层等公司内部治理情况,信息披露能够反映公司财务和非财务等信息的透明度情况,外部治理主题反映外部治理情况。共包括12个三级指标,如表6-3所示。

表 6-3　上市公司 ESG 评价指标体系之治理类(G)指标

主题	三级指标	指标含义
内部治理	独董处罚情况	有处罚为 1,否则为 0
	董事长与总经理兼任情况	兼任为 1,否则为 0
	独立董事比例/%	独立董事占董事会比例
	员工参股	公司是否强烈鼓励员工通过股票期权的形式参与或拥有公司所有权;员工分享公司收益,拥有股票,分享财务信息,或者参与管理决策的制定;公司设立薪酬激励机制。有则为 1,否则为 0
信息披露	是否披露股东权益保护	1 代表是,0 代表否
	是否披露债权人权益保护	1 代表是,0 代表否
	是否披露职工权益保护	1 代表是,0 代表否
	是否披露供应商权益保护	1 代表是,0 代表否
	是否披露客户及消费者权益保护	1 代表是,0 代表否
外部治理	反腐败措施	公司是否有反商业贿赂措施或者反腐败措施,有则为 1,否则为 0
	战略共享	公司与商业伙伴是否建立了战略共享机制与平台,包括长期的战略合作协议、共享的实验基地、共享的数据库以及稳定的沟通交流平台等,有则为 1,否则为 0
	诚信经营理念	企业诚信经营、公平竞争的理念与制度保障,有则为 1,否则为 0

与国际较为成熟的 ESG 评级体系(见表 6-4)相比较,本书设计的上市公司 ESG 评级体系的二级指标,能够较好覆盖国际主流 ESG 评级体系的二级指标项,具有合理性和逻辑自洽性。

表 6-4 上市公司 ESG 评价的国际指标体系对比

	主题/指标	MSCI	汤森路透	商道融绿	嘉实	中证	GRI 标准
环境	污染与废物	√	√	√	√	√	GRI 302-5
	负面事件			√			
	环境管理		√	√	√	√	GRI 305
	环境治理效果		√	√	√	√	
社会	扶贫、捐赠					√	
	捐赠与社会贡献			√	√	√	
	员工职业健康、安全与福利	√		√	√	√	GRI 403
	员工尊重与多样化	√	√	√		√	GRI 401
	产品/服务质量	√	√			√	
	纠纷	√					
	社区	√	√	√			
治理	内部治理	√	√	√	√	√	GRI 102-22
	披露			√			
	外部治理				√		

资料来源:各机构公开资料整理。

6.1.2 上市公司 ESG 评级方法

本书设计上市公司 ESG 评级方法参考了国内证券交易所、证监会有关社会责任、环境、社会、公司治理以及信息披露的相关指引和准则,也借鉴了国际标准化组织发布的《社会责任指引》(ISO 26000)、全球报告倡议组织(GRI)《可持续发展报告指南》(G4版)、联合国全球契约组织《全球契约十项原则》、可持续发展会计准则委员会(SASB)标准等指引文件。

在数据处理方面，由于我国上市公司的ESG信息并非强制性披露，有相当比例上市公司的ESG数据缺失，部分指标数据质量较差。在综合考虑上市公司ESG评分的延续性和可比性后，在充分参考MSCI、嘉实、商道融绿等主流机构研究设计的ESG指标体系的基础上，本书坚持定性和定量相结合的做法，以上市公司年度报告和社会责任报告中的可计量、可比较指标作为关键指标和评价基础。同时，拓展外部数据和信息来源，引入政府数据和其他机构数据，形成涵盖企业自身、所在行业和市场、政府包括监管部门乃至社会评价的社会责任评价体系，并结合我国"双碳""精准扶贫"等发展战略，将企业绿色发展、扶贫、捐赠、就业贡献、纳税贡献等具有中国特色的指标，纳入上市公司的ESG评级体系中。

在指标编制方面，采用等权重的方法，处理环境、社会、公司治理3个维度的指标和数据，相较于专家评价法，该赋权方法简单、透明、主观偏误低，并且可实现不同行业间公司的ESG等级对比。此外，为了统一处理定性指标和定量指标，还对数据进行了一致化和标准化处理。

6.1.3 上市公司 ESG 评价结果

整体来看，上市公司 ESG 整体得分不断提升。表 6-5 显示，2015—2020 年，上市公司 ESG 平均得分从 58.68 分上升到64.36 分；从 ESG 一级分项得分来看，2015—2020 年，上市公司的社会(S)以及治理(G)两方面得分稳步提升，而环境得分则呈现较为波动的态势；此外，受新冠疫情影响，2021 年各上市公司 ESG 得分均出现较大幅度下降，其中很大一部分原因来自公司治理(G)，2021 年公司治理平均得分仅为 8.274，远低于其他年份。

表 6-5 各年份上市公司 ESG 得分均值

年份	ESG 平均得分	E 平均得分	S 平均得分	G 平均得分
2015	58.68	20.49	23.97	14.22
2016	59.81	21.16	24.85	13.79
2017	61.23	19.91	26.29	15.03
2018	61.54	20.53	26.40	14.62
2019	63.77	20.20	28.19	15.39
2020	64.36	17.52	31.47	15.37
2021	58.87	21.17	29.44	8.27
均值	61.34	20.07	27.56	13.71

资料来源：公开资料整理。

按照 Wind 进行行业划分，可以发现上市公司 ESG 得分呈现出明显的行业差异。表 6-6 显示了各行业上市公司 ESG 得分均值。整体而言，电信服务行业上市公司 ESG 表现最为突出，行业整体 ESG 得分均值为 78.41，超出总体均值 27.83%；制药、生物科技与生命科学，材料Ⅱ，家庭与个人用品，能源Ⅱ，资本货物，食品、饮料与烟草行业的 ESG 表现相对良好，4 大行业的 ESG 得分均值高于总体均值；媒体Ⅱ的上市公司 ESG 表现尚有较大提升空间，行业整体 ESG 得分均值仅为 41.45 分，远低于总体均值水平。

表 6-6　各个行业 ESG 平均得分

行业	ESG_norm	E_norm	S_norm	G_norm
电信服务Ⅱ	78.41	21.77	38.66	17.98
汽车与汽车零部件	66.42	22.12	30.40	13.90
技术硬件与设备	66.19	22.53	28.95	14.72
制药、生物科技与生命科学	65.73	22.03	29.64	14.06
材料Ⅱ	64.68	22.28	28.62	13.79
家庭与个人用品	64.55	23.53	28.15	12.87
能源Ⅱ	63.36	22.00	28.97	12.40
资本货物	62.53	20.58	28.40	13.55
食品、饮料与烟草	62.12	20.32	27.94	13.86
医疗保健设备与服务	61.64	18.57	28.92	14.16
保险Ⅱ	61.32	17.68	29.77	13.86
银行	61.26	18.22	29.99	13.06
商业和专业服务	60.50	20.79	26.02	13.68
耐用消费品与服装	60.32	20.61	25.90	13.82
半导体与半导体生产设备	60.21	19.24	26.43	14.54
运输	59.78	19.81	27.09	12.88
消费者服务Ⅱ	59.29	18.74	26.81	3.75
公用事业Ⅱ	58.42	18.79	27.37	12.26
食品与主要用品零售Ⅱ	58.31	17.57	27.27	13.46
零售业	55.81	16.42	25.88	13.51

续表

行业	ESG_norm	E_norm	S_norm	G_norm
房地产Ⅱ	55.60	17.78	24.72	13.10
多元金融	51.71	13.83	25.24	12.64
软件与服务	51.10	13.64	22.69	14.77
媒体Ⅱ	41.45	10.79	19.27	11.39
总体均值	61.34	20.07	27.56	13.71

从行业变化趋势来看，大部分行业 ESG 平均得分呈现稳中有升的态势。图 6-1 中各行业 ESG 平均得分变化趋势图显示，ESG 平均得分提升相对较大的行业主要为家庭与个人用品、多元金融、医疗保健设备与服务以及半导体与半导体生产设备。此外，极可能因受新冠疫情冲击影响，2021 年 ESG 平均得分在各行业均有回落。

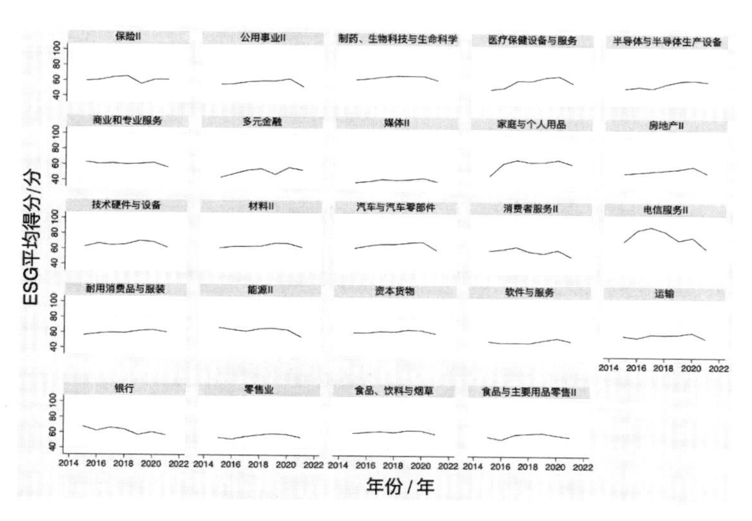

图 6-1　2015—2021 年各个行业 ESG 平均得分变化趋势

6.1.4 上市公司 ESG 得分分布

图 6-2 为 2021 年上市公司 ESG 得分的整体分布。整体来看，绝大部分公司 ESG 得分在 60 分以上，并集中在 60～70 分，整体情况较为良好。ESG 得分在 80 分以上的上市公司数量较少，仅有 42 家。此外，仍有 320 家上市公司 ESG 得分低于 50，公司 ESG 水平有待继续提升。

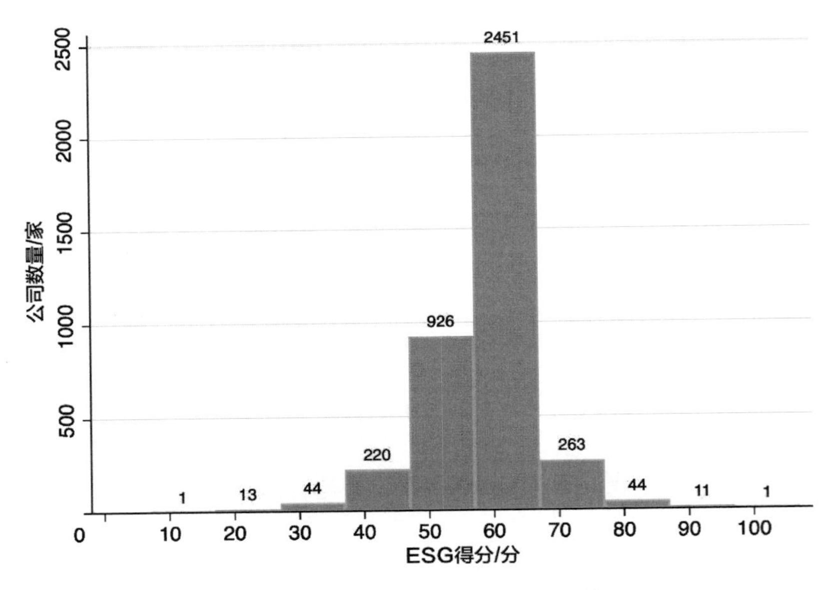

图 6-2　2021 年上市公司 ESG 得分情况

从上市公司的环境分项得分来看（见图 6-3），2021 年上市公司环境得分主要集中在10～25分。其中,有896家上市公司的环境得分在10～20分,有2635家环境得分处于20～25分。

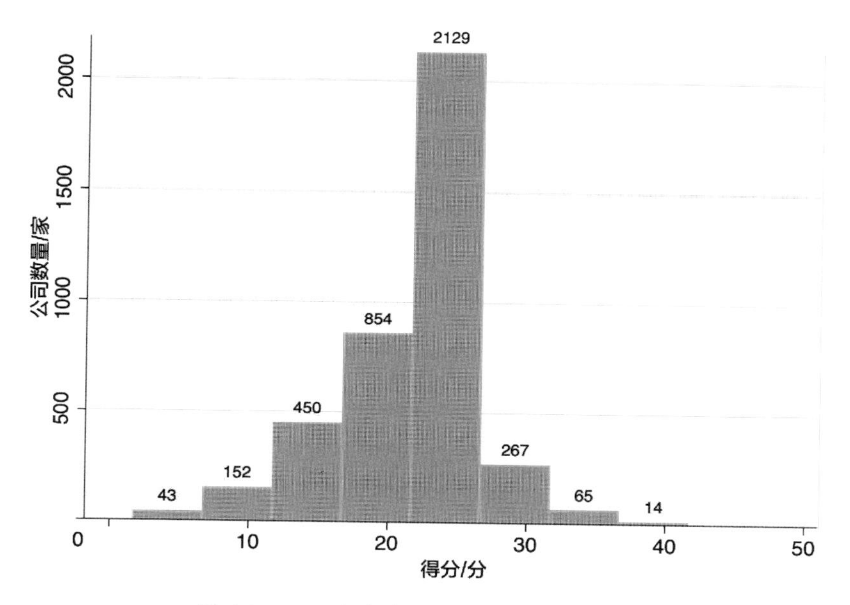

图6-3 2021年上市公司环境分项平均得分

从上市公司的社会分项得分来看(见图6-4),其分布较为集中,有绝大部分(97.41%)分布在20～40分。

上市公司的公司治理须得分最集中(见图6-5),其中有3415家上市公司得分在5～10分,占总样本的86.64%。

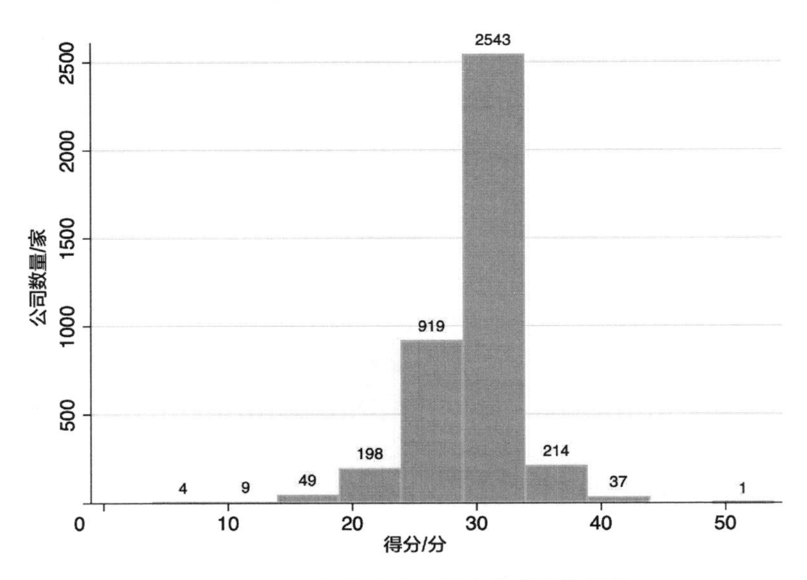

图 6-4　2021 年上市公司社会分项平均得分

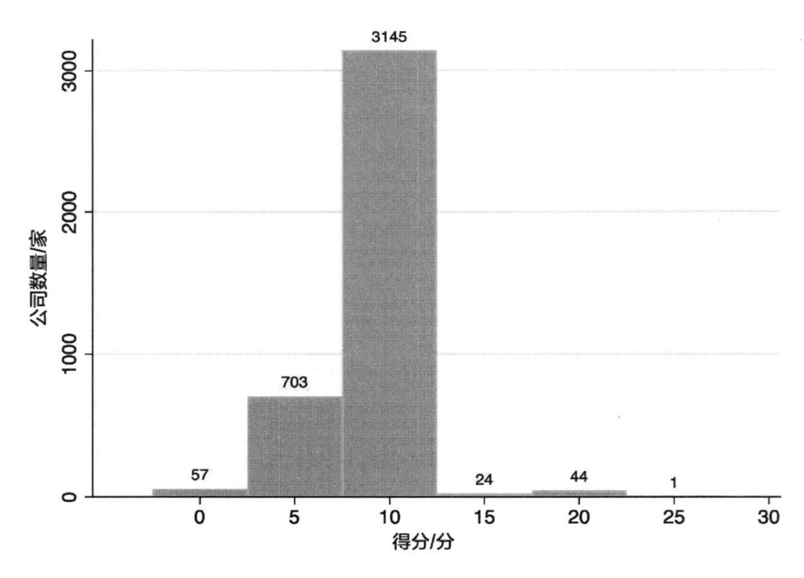

图 6-5　2021 年上市公司治理分项平均得分

6.1.5 上市公司 ESG 评级结果

参考 MSCI 对上市公司评级的做法，将上市公司 ESG 得分自上而下分为 AAA、AA、A、B、C、D 六个等级。其中，被评为 AAA 级公司的 ESG 表现最为突出，其在 ESG 治理、ESG 机会把握以及 ESG 风险控制上处于行业最领先水平。相应地，D 级的公司 ESG 得分最低，处于落后水平。

通过等级和分数之间的换算，给出上市公司的 ESG 评级，如表 6-7 所示。2021 年，我国上市公司中共有 42 家被评为 AAA 级，占比 1.06%，较 2020 年减少 105 家；B 级以上公司达 3852 家；C 级及以下公司为 122 家，较 2020 年增加 69 家，主要源于更高评级公司的评级下降。

表 6-7 上市公司 ESG 评级

ESG等级	领先/落后	分区间	2019 年		2020 年		2021 年	
			公司数量/家	百分比/%	公司数量/家	百分比/%	公司数量/家	百分比/%
AAA	领先	>80	98	2.72	147	3.69	42	1.06
AA	领先	70～80	480	13.34	383	9.61	201	5.06
A	领先	60～70	2223	61.77	2672	67.05	2271	57.15
B	优秀	40～60	743	20.64	730	18.32	1338	33.67
C	平均	20～40	51	1.42	50	1.25	121	3.04
D	落后	<20	4	0.11	3	0.08	1	0.03
总计	—	—	3599	—	3985	—	3974	—

6.2 基金 ESG 评级

6.2.1 基金 ESG 评价方法论

借鉴国内外上市公司 ESG 评价，设计基金 ESG 评价的具体计算方法为：

$$基金\ ESG\ 得分 = \sum_{k=1}^{n}(上市公司\ ESG\ 得分 \times 相应持仓权重\ w_k)$$

计算基金 ESG 得分的具体步骤包括：首先，获取 2015—2021 年全部权益类基金产品的持仓数据；其次，将基金持股比例与上市公司 ESG 评价得分进行匹配，将持仓比例作为权重，计算出基金的 ESG 评价结果；最后，考虑到上市公司的 ESG 信息披露不齐全，对于完全或几乎完全没有披露相关信息的上市公司，以其所属行业中信息披露较完善的上市公司的 ESG 得分的均值作为替代。

6.2.2 基金 ESG 得分分布

统计权益类基金 ESG 得分如图 6-6 所示，基金 ESG 得分最大值为 100，最小值为 10，均值为 65 左右。从分布情况来看，ESG 得分在 60 分附近的基金数量最多，为 2844 家，随着 ESG 得分偏离 60 分越多，基金数量也越少。

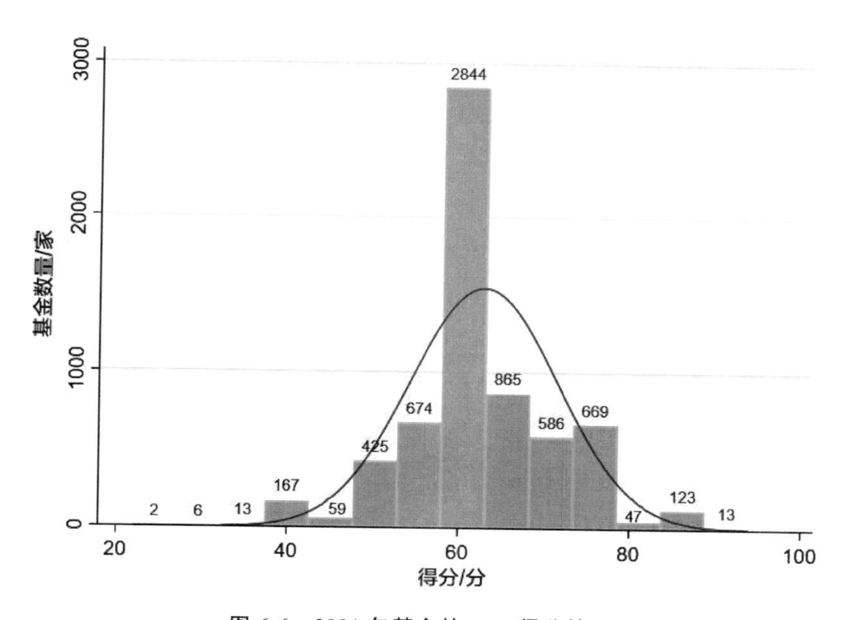

图 6-6　2021 年基金的 ESG 得分情况

6.2.3 基金绿色评价结果

参考欧盟《可持续金融信息披露条例》中的标准，分别以67分和69分为界限，将基金分为能够促进环境或社会可持续性的产品（即“浅绿”产品）、以可持续投资为目的的产品（即“深绿”产品）和其他产品（“非绿”产品）。如图6-7结果显示，2021年中国绿色基金数量为1701只（占比26.20%），非绿基金为4792只（占比73.80%）。绿色基金中，深绿基金为1436只（占总体的22.12%），浅绿基金为265只（占总体的4.08%）。

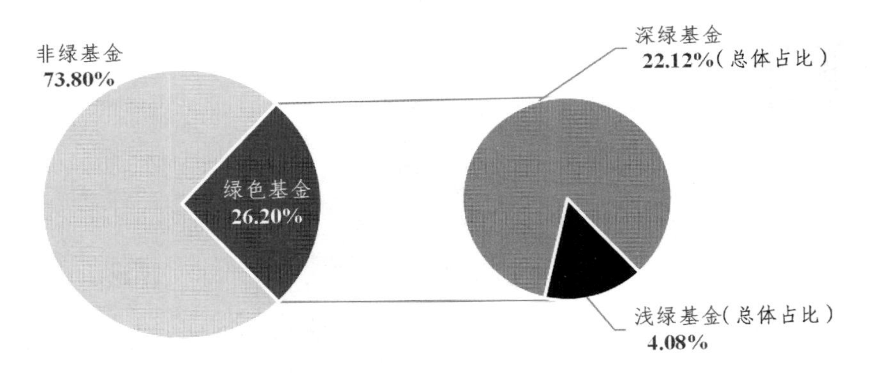

图6-7　2021年各类基金占比

2021年底，所有绿色基金的收益率如表6-8、图6-8所示。整体而言，绿色基金的平均收益与非绿色基金相近，但具有更强的抗击负面冲击的能力，在近6个月的平均收益出现回撤的时候,绿色基金的回撤幅度更小。

表 6-8 绿色基金和非绿色基金平均收益率对比

	绿色基金/%	非绿基金/%
近 3 个月	1.72	2.39
近 6 个月	−15.68	−16.97
近 1 年	8.85	9.38
近 2 年	59.27	64.09
近 3 年	118.54	126.16

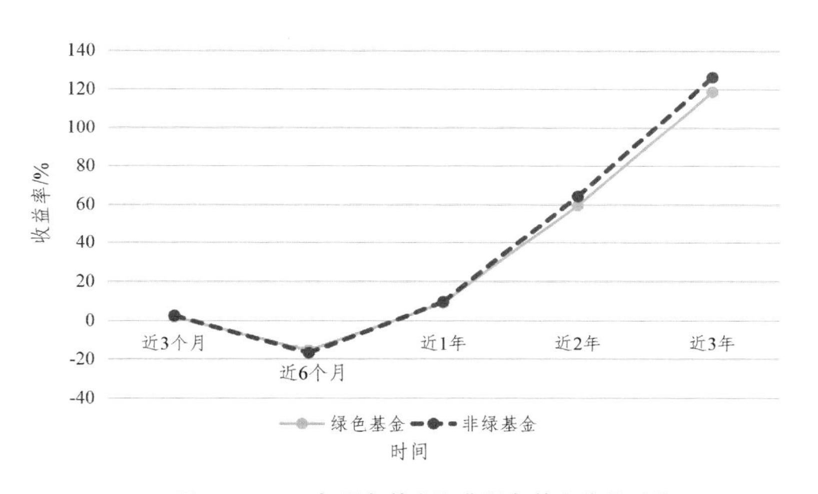

图 6-8 2021 年绿色基金和非绿色基金收益对比

6.3 结论

基金 ESG 评价计算结果显示，2021 年绿色基金占比 26.20％，非绿色基金占比 73.80％。绿色基金中的深绿基金占总体的 22.12％，浅绿基金占总体的 4.08％。通过收益率分析发现，绿色基金具有更强的抗击负面冲击的能力，回撤幅度更小。

7

ESG在固定收益类投资中的应用

• 从投资端看，越来越多债券投资人在决策过程中采取 ESG 策略。本章详细介绍 ESG 投资在固定收益领域的应用概况，以及 ESG 在国内外的应用实践以及产品实践，探索 ESG 投资在固定收益领域的发展现状。

7.1 ESG 投资在固定收益领域的应用概况

根据 Invesco(景顺投资)对全球从事固定收益投资的资管公司的专项调查结果显示,截至 2020 年,全球约 26%的固收投资组合中整合了 ESG 策略,这一策略在欧洲、中东和非洲地区应用最广,约占 34%,北美和亚太地区分别为 22%和 19%,见图 7-1。

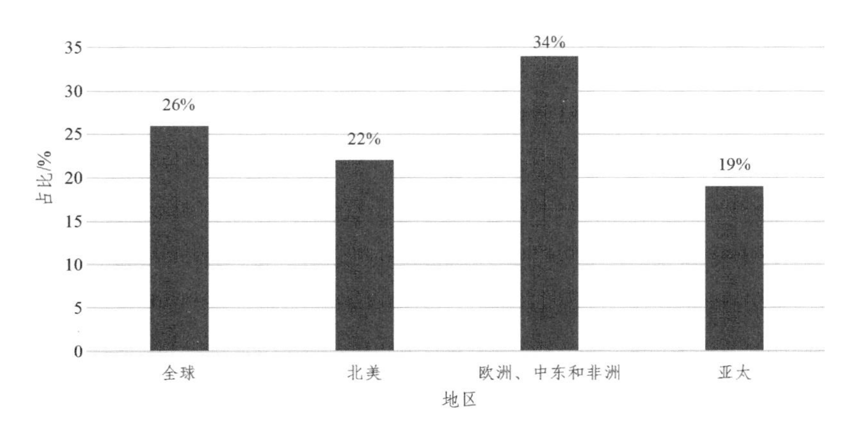

图 7-1 全球固收投资组合中整合 ESG 策略占比

资料来源:*Invesco 2020 Global Fixed Income Study.*

开展 ESG 固收投资的资管机构数量在全球范围内逐年递

增。如图7-2所示，2020年Invesco对全球108家大型资管机构的统计显示，北美地区有56%的机构在构建固定收益投资组合时考虑了ESG因素，较2019年增长18个百分点，亚太地区这一比例为69%，较2019年增长31个百分点，而在欧洲、中东和非洲地区该比例高达80%，较2019年增长29个百分点。

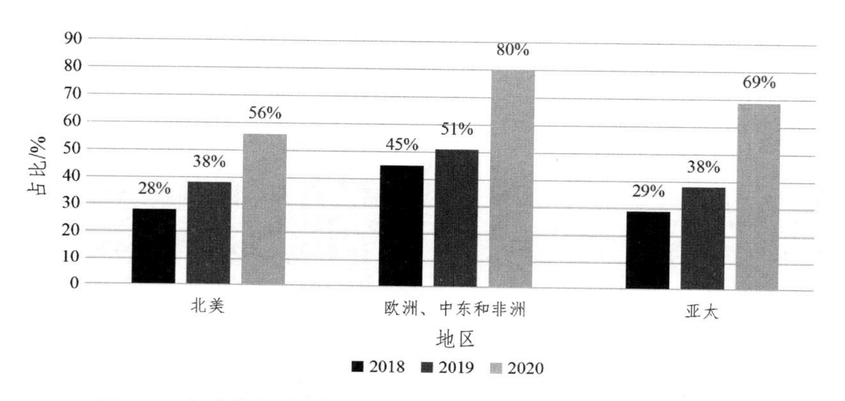

图7-2　全球被调查资管机构中开展ESG固收投资的机构占比

资料来源：*Invesco 2020 Global Fixed Income Study*.

同样根据Invesco全球固定收益研究报告，如图7-3所示，不同地区受访机构认为在债券投资中纳入ESG因素考量会对投资回报造成负面影响的占比均在5%以下，有46%的受访机构认为会提升一定的投资回报，这一比例在欧洲、中东和非洲地区更高，达到52%。

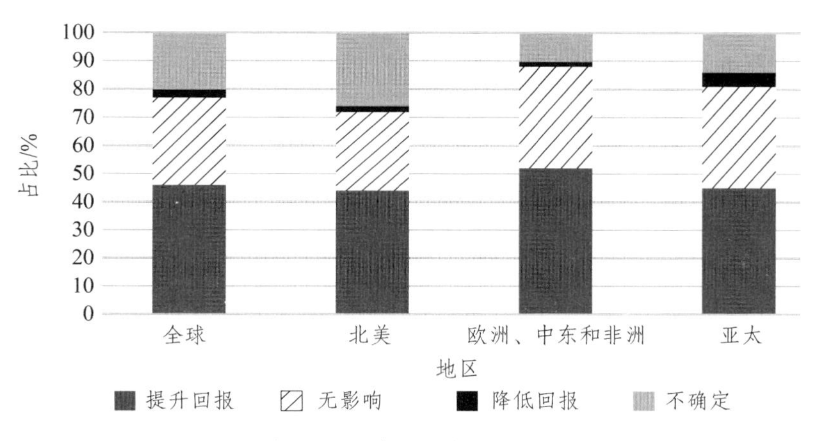

图 7-3 2020 年 ESG 因素对固定收益投资组合的影响

资料来源：*Invesco 2020 Global Fixed Income Study*.

7.2 ESG 在固定收益领域的投资实践

7.2.1 ESG 投资在国外的应用实践

Invesco 是全球五大独立资产管理公司之一，自 2015 年起一直致力于将 ESG 因素纳入所有的投资策略和流程中，截至 2022 年末已将 ESG 策略整合到约 75%的投资策略中。

Invesco 根据资产类别和投资环境差异制定了应用 ESG 的

不同原则，包括商业道德、资本分配、碳排放、公司治理、数据隐私、健康安全、劳工关系、产品特征、生物多样性等。Invesco 开发了专用的 ESG 方法和评级系统，并在不同的投资领域选择采用不同的投资策略，如表 7-1 所示，例如，在房地产投资领域，Invesco 只选择采用 ESG 整合参与的投资策略，而在固定收益证券领域，ESG 整合、负面剔除、可持续性关注、影响力投资这四大投资策略均有体现。

表 7-1　Invesco 的 ESG 投资策略

	ESG 整合	负面剔除	可持续性关注	影响力投资
股票	是	是	是	
固定收益证券	是	是	是	是
房地产	是			
量化投资策略	是	是	是	
可替代投资	是	是		
ETFs	是	是	是	

资料来源：*Invesco Investment Stewardship Annual Report 2020.*

其中，Invesco 的 ESG 整合策略在房地产投资领域应用最为典型，具体投资分析方法如表 7-2 所示。

表 7-2 Invesco 房地产投资的 ESG 分析方法

环境(E)	社会(S)	治理(G)
・测量并定期报告建筑物能源、排放、水资源使用等情况 ・评估成本控制措施,使用新技术来提高资产表现,改善环境 ・根据评级体系来评价建筑物能耗效率 ・通过英国建筑研究院环境评估方(BREEAM)、美国绿色建筑评估体系(LEED)等计划评估寻求第三方认证的可能性 ・在放松管制的能源市场中采取有管理的方式采购能源	・提供相关资源使物业经理参与可持续发展问题 ・鼓励租户进行可持续租赁实践 ・在物业提供服务和设施,以鼓励租户和住户选择绿色的生活方式 ・为员工提供有关 ESG 问题的培训 ・在可持续性相关问题上在社区论坛互动 ・支持可持续发展的多样性和包容性	・带领房地产行业参与 ESG 实践并将可持续发展因素纳入投资决策 ・通过 GRESB①,全球报告倡议组织(GRI)、INREV②、CDP③ 和联合国负责任投资原则组织(UN PRI)等向投资者披露 ESG 发展战略和绩效 ・确保员工遵守最高标准的诚实和道德规范

资料来源:*Invesco Investment Stewardship Annual Report 2020*.

7.2.2 ESG 投资在国内的应用实践

南方基金建立了完整的内部管理架构和流程制度,保障 ESG 有效整合。管理架构包括 ESG 领导小组和 ESG 工作小组,领导小组负责全面监督 ESG 全项业务的研发构建,工作小

① 由投资者驱动的全球房地产及基础建设 ESG 表现的评估机构。
② 欧洲非上市房地产车辆投资者协会。
③ 全球环境信息研究中心。

组包括固定收益 ESG 融合、权益 ESG 融合、风险管理 ESG 融合、ESG 产品四个工作组。

除了管理架构外，南方基金针对不同资产类别的投资、研究、风险控制等各环节均建立了 ESG 流程管理制度，将 ESG 因素纳入投资分析、研究和风控流程之中，逐步构建了公司“投前＋投中＋投后”ESG 投资全流程体系。

南方基金建立了综合性的 ESG 评级体系，该体系涵盖 17 个 ESG 主题、39 个 ESG 子主题和 115 个子类评选指标。将 ESG 评分与投资标的的 ESG 争议项事件评分相结合，最终得到投资标的的 ESG 综合评分。通过全面综合的评价，将投资标的发生的 ESG 争议项事件影响划分为不同等级，并针对影响的程度采取相应的措施，例如将影响非常恶劣的投资标的加入“禁投池”。ESG 评级体系的构建结合金融科技与主动研究，通过大数据分析补充 ESG 数据源、新闻舆情和重大负面事件，通过模型定量筛选与基本面投资高度相关的 ESG 有效指标并进行评分。

截至 2020 年末，目前南方基金 ESG 评级体系已覆盖 4052 只 A 股股票，5216 个信用债主体，合计超过 9200 个投资标的。南方基金各资产类别中，包括权益类及固定收益类产品，综合使用 ESG 整合、ESG 筛选、ESG 主题投资、股东参与四大策略，如表 7-3 所示。

表 7-3 南方基金 ESG 投资策略

策略	具体实施
ESG 整合	构建“事前＋事中＋事后”全流程 ESG 投资体系，在股票、固定收益、跨资产类别的投资研究和风险管理中全面融入 ESG 因素，优选各个行业质地优秀、ESG 表现突出、具备长期价值增长潜力的投资标的
ESG 筛选	负面筛选＋正面筛选
ESG 主题投资	固定收益领域重点关注绿债、疫情防控债券、碳中和债、乡村振兴债等 ESG 主题债券
股东参与	参与公司治理：直接参与、协作参与、外包参与；行使代理投票权

资料来源：《南方基金 2021 年 ESG 投资报告》。

7.3 ESG 在固定收益领域的产品实践

7.3.1 ESG 在国外的产品实践

PIMCO ESG 收入型基金（PIMCO ESG Income Fund，PEGIX）是太平洋投资管理公司（PIMCO）旗下的一只 ESG 主题基金，成立于 2020 年 9 月，基本信息如表 7-4 所示。

表 7-4 PEGIX 基本信息

名称	成立日期	规模/百万美元	到期收益率/%	投资策略
PIMCO ESG Income Fund	2020 年 9 月	203.4	2.76	负面剔除+正面筛选

资料来源：PIMCO，Morning star 截至 2022 年 3 月 31 日。

对于负面剔除而言，PIMCO 主要的剔除项包括烟草制造、争议性武器、色情及煤炭开采等行业，并针对不符合可持续发展原则的投资标的，PIMCO 建立专门的 ESG 负面剔除政策团队进行监督。正面筛选指 PIMCO 建立独立的 ESG 评分系统，为投资标的评定 ESG 分数，筛选出 ESG 执行成效优秀的企业，跟踪投资组合的碳足迹，并通过股东参与的方式来进一步检验评分和投资策略的合理性。

7.3.2 ESG 在国内的产品实践

富国绿色纯债基金是中长期纯债基金，基金要求投资于债券资产的比例不低于基金资产的 80%，且投资于符合绿色投资理念的债券不低于非现金资产的 80%。

符合绿色投资理念的债券是指，债券发行人致力于推动绿色产业发展，或募集资金主要用于绿色项目，或支持绿色产业发展的债券。绿色项目或产业需为符合中国金融学会绿色金融专业委员会编制的《绿色债券支持项目目录》或发改委《绿色债券发行指引》的项目或产业。根据基金产品招募说明书，富国绿色纯债基金界定的符合绿色投资理念债券还包括国家政策推动或相应募集资金用于支持绿色产业发展的国家债券、政策性金融债券、地方政府债券。

富国绿色纯债基金主要投向信用债，短期融资券和中期票据占比较高。其基金年报只披露了前五重仓债券的信息，如表7-5所示。

表7-5 富国绿色纯债基金前五重仓债券

序号	债券代码	债券名称	公允价值/元	占基金资产净值比例/%	绿色债券认证机构	募集资金用途
1	132280010	22城投水务GN001	20160077.81	8.06	中诚信绿金科技（北京）有限公司	用于智能远传水表安装、供水管网老旧水管改造及供水管网运营维护
2	175503	G20杭水1	15474411.78	6.19	联合赤道环境评价有限公司	用于股权收购以及补充流动资金
3	175271	G20深高1	12411120.00	4.96	联合赤道环境评价有限公司	用于清洁能源、污染防治、资源节约与循环利用等类绿色产业项目及补充公司流动资金.

续表

序号	债券代码	债券名称	公允价值/元	占基金资产净值比例/%	绿色债券认证机构	募集资金用途
4	175951	GC雅砻01	12267895.89	4.90	联合赤道环境评价有限公司	偿还具有碳减排效益的绿色项目有息债务
5	101800820	18良渚文化MTN0011	10482684.93	4.19	无	用于偿还发行人及其下属子公司银行借款等有息负债

资料来源：富国绿色纯债基金一年定期开放债券型证券投资基金二〇二二年第2季度报告。

7.4 结论

本章探索了ESG在固定收益类投资中的应用。从投资端看，ESG策略在固收投资中的应用逐渐增加，且投资人认为将ESG纳入考量不会对投资回报造成负面影响，甚至会提高投资回报。在实践中，境内境外的资管机构均开始在投资中将ESG纳入考虑，如Invesco致力于将ESG整合进投资策略和流程中，并开发了专用的ESG分析方法和评级系统；南方基金建立了完整的内部管理架构和流程制度，保障 ESG 的有效整合，并建立了综合性的 ESG 评级体系。同时，无论是境内还是境外，均有 ESG 产品，如 PIMCO 旗下的 ESG 主题基金 PEGIX、富国基金推出的富国绿色纯债基金等。

ESG与债券融资成本

• 本章从债券融资成本角度出发，探讨了发债主体 ESG 评级与债券信用评级、信用利差的关系。研究发现，ESG 评级与主体信用评级呈显著正相关性；ESG 评级与信用利差呈显著负相关性，ESG 每提升一个等级，信用利差下降 8 个基点，高 ESG 评级企业发行的债券具有明显的“绿色溢价”特征。

8.1 方法论介绍

8.1.1 样本选取

选取2009—2021年已到期和在市的公司债、企业债、短期融资券、中期票据和定向工具的发行数据。2009—2021年间共发行公司债、企业债、短期融资券(含超短期融资券)、中期票据和定向工具10552只，在此基础上，剔除浮动利率债券和金融类企业发行债券1968只，剔除债券信息、财务信息等数据缺失样本2344只，最后得到6240只债券，涉及756家A股上市公司。

8.1.2 底层数据选取

数据选取如表8-1所示，采用华证指数信息服务有限公司构建的ESG评级指标体系确定发债主体的ESG评级。评级结果包含从AAA到C的九档评级，具体赋值方法为AAA为9，AA为8，以此类推，C最小得分为1。该得分越高，企业的ESG水平越高。

表 8-1　变量定义

变量名	变量定义	数据来源
ESG	华证指数信息服务有限公司 ESG 评级	Wind 数据库
Rating	债券主体信用评级	Wind 数据库
Credit Rating	债项信用评级	Wind 数据库
Spread	债券发行票面利率－同期限结构的国债利率	发行利率、国债利率来源于 Wind 数据库，手工计算 Spread
Roe	归属母公司股东的净利润/加权平均归属母公司股东的权益×100%	Wind 数据库
Z	Altman Z 值，用以衡量企业破产风险，该值越大企业破产风险越低，$Z=1.2X_1+1.4X_2+3.3X_3+0.6X_4+0.999X_5$，其中，$X_1$＝营运资金/总资产；$X_2$＝留存收益/总资产；$X_3$＝息税前利润/总资产；$X_4$＝企业账面价值/负债账面价值；$X_5$＝营业收入/总资产	Wind 数据库
At	总资产周转率＝营业总收入/[(期初资产总额＋期末资产总额)/2]	Wind 数据库
Lev	负债总额/资产总额	Wind 数据库
Growth	营业总收入同比	Wind 数据库
Ppe	非流动资产/总资产	Wind 数据库
State	是否为国企，是则取 1，否则取 0	Wind 数据库
Loyear	债券发行期限	Wind 数据库
Amount	债券发行规模的自然对数	Wind 数据库
Guarantee	是否存在担保，是则取 1，否则取 0	Wind 数据库
Bondtype	债券类型虚拟变量	Wind 数据库
Cra	信用评级机构虚拟变量	Wind 数据库
Year	债券发行年份虚拟变量	Wind 数据库

续表

变量名	变量定义	数据来源
Ind	发债企业所处行业虚拟变量	Wind 数据库
Size	企业规模的自然对数	Wind 数据库
GDP	地区 GDP 的自然对数	中国统计年鉴
RGDP	地区人均 GDP 的自然对数	中国统计年鉴
Trust	地区信任水平	张维迎和柯荣住(2002)
SA	SA 指数衡量融资约束	CSMAR 数据库
Dd merton	违约距离	CSMAR 数据库
CSR	分析师跟踪数量	CSMAR 数据库
Findeve	用以衡量地区金融发展程度:地区股票市场总市值/地区 GDP	地区股票市场总市值来源于 Wind 数据库,地区 GDP 来源于中国统计年鉴,手工计算 Findeve
Finten	用以衡量地区金融从业员密度:地区金融从业人员数量/地区就业人数	地区金融从业员密度来源于 Wind 数据库,地区就业人数来源于中国统计年鉴,手工计算 Finten

续表

变量名	变量定义	数据来源
Highind	是否为高耗能、高污染行业，是则取 1，否则取 0	行业数据来自 Wind 数据库，“两高”行业分类依据《关于加强高耗能、高排放建设项目生态环境源头防控的指导意见》

债券信用评级，通常包括债项信用评级与主体信用评级，若同一家企业发行不同债券，可能存在债券发行期限、债券类型以及增信措施差异，造成债项信用评级不同。而主体评级更多取决于发债企业的基本面，即排除了债券发行期限、债券类型以及增信措施导致的评级差异。考虑到债项评级标准和等级在不同类型债券之间有差别，且本书注重企业 ESG 等特征，因此本章节采用主体信用评级进行研究。对不同信用等级赋值，转换成有序量表，将 BBB 及 BBB 以下等级赋值为 1，A—赋值为 2，A 为 3，A＋为 4，AA－为 5，AA 为 6，AA＋为 7，AAA 为 8。该值越高，债券信用评级越高。

用发行票面利率减去当期同期限国债利率来衡量信用利差，信用利差代表着融资成本，信用利差越低，债券融资成本越低。

8.1.3 描述性统计

图 8-1 对发债企业 ESG 评级的分布情况进行描述。高达 85.48%的评级落在 B 至 BBB 等级间,仅有 2.75%的评级在 A 以上。

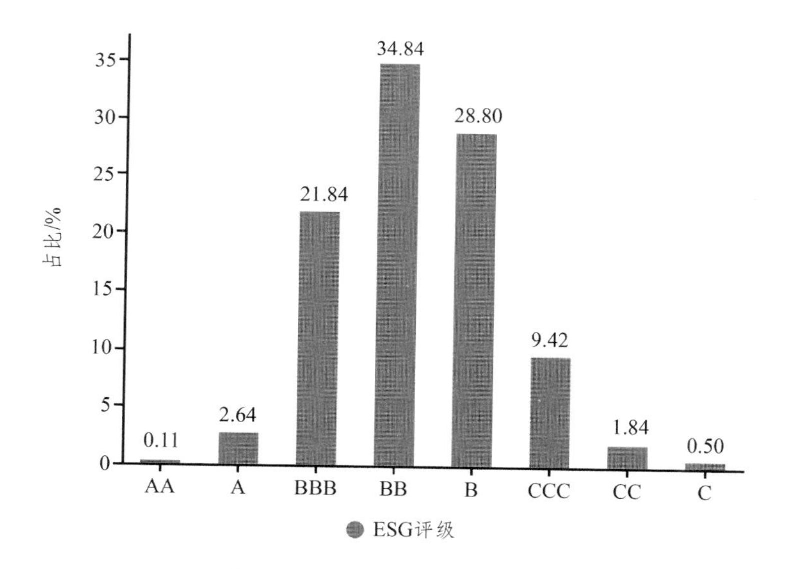

图 8-1 发债企业 ESG 评级分布

为提高不同行业上市公司 ESG 评级可比性,将 ESG 评级按照不同行业进行划分,并计算出各行业 ESG 平均值,按照不低于 ESG 均值与低于 ESG 均值分为两组,高 ESG 组占样本总体的 78%,低于 ESG 组占样本总体的 22%,样本总体的 ESG 评级较高。

8.2 实证过程

8.2.1 ESG 评级与信用评级

ESG 评级与主体信用评级(Rating)的结果如表 8-2 的列(1)所示,ESG 回归系数为 0.108,在 1%的水平上显著,即 ESG 评级与主体信用评级呈正相关。另一方面,分析了 ESG 评级与债项信用评级(Credit Rating)的关系。表 8-2 的列(2)中 ESG 回归系数为 0.074,在 1%的水平上显著,表示 ESG 评级与债项信用评级呈正相关。无论是主体信用评级还是债项信用评级,ESG 评级与债券评级正相关关系较为稳健。

表 8-2　ESG 评级与债券评级的回归分析

VARIABLES	(1) Rating	(2) Credit Rating
ESG	0.108*** (10.50)	0.074*** (5.08)
Controls	YES	YES
Constant	0.342 (0.88)	6.399*** (16.13)
Observations	6240	850

续表

VARIABLES	(1) Rating	(2) Credit Rating
R-squared	0.601	0.457
Ind	YES	YES
Bondtype	YES	YES
Cra	YES	YES
Year	YES	YES

8.2.2 ESG评级与债券信用利差

除了对ESG与信用评级的关系外，还对ESG与信用利差的关系进行研究，结果如表8-3所示。ESG评级与信用利差的系数显著为负，这表明更高的ESG评级具有更低的信用利差，具体结果为ESG每提升一个等级，信用利差能够下降8个基点。

表8-3 ESG评级与信用利差的回归分析

VARIABLES	Spread
ESG	−0.080*** (−8.67)
Controls	YES
Constant	5.281*** (15.37)
Observations	6240
R-squared	0.633

续表

VARIABLES	Spread
Ind	YES
Bondtype	YES
Cra	YES
Year	YES

8.2.3 ESG 评级的影响机理

为探究高 ESG 评级企业的影响机理，从分析师跟踪数量、违约距离与融资约束程度三个方面对发债主体进行分析。

统计了发债企业的分析师跟踪数量，表 8-4 的列(1)中 ESG 回归系数为 1.568，通过了 1%的显著性检验，表明 ESG 评级较高的企业更加吸引分析师的关注，ESG 评级每提高一个等级，可收获 1.568 个分析师跟踪数量。列(2)结果显示，在控制分析师跟踪数量后，ESG 对 Spread 的系数为−0.064，CSR 的回归系数为−0.010，均在 1%的水平上显著，表明 ESG 可通过提高分析师跟踪数量降低债券信用利差。

用 SA 指数衡量融资约束程度。SA 指数为负，研究中取 SA 绝对值，且绝对值越大，融资约束程度越高。表 8-4 的列(3)中，ESG 系数为−0.028，通过了 1%的显著性检验，表明 ESG 评级与融资约束程度呈负相关，ESG 评级越高，发债企业面临的融资约束程度越低。列(4)显示，在控制 SA 指数后，ESG 对于

Spread 的系数为−0.077，SA 回归系数为 0.117，均在 1%的水平上显著，表明 ESG 评级可通过降低融资约束程度降低债券信用利差。

表 8-4 ESG 评级影响机理的探究

VARIABLES	(1)	(2)	(3)	(4)	(5)	(6)
	CSR	Spread	SA	Spread	Ddmerton	Spread
CSR		−0.010*** (−11.06)				
SA					0.117*** (3.79)	
Ddmerton						−0.013*** (−4.47)
ESG	1.568*** (12.02)	−0.064*** (−6.95)	−0.028*** (−7.35)	−0.077*** (−8.30)	0.383*** (9.63)	−0.078*** (−8.35)
Controls	YES	YES	YES	YES	YES	YES
Constant	−20.680*** (−4.25)	5.135*** (15.08)	4.975*** (34.80)	−40.685*** (−2.97)	5.691*** (4.42)	5.139*** (15.08)
Observations	6240	6240	6240	6240	6240	6240
R-squared	0.383	0.640	0.486	0.347	0.453	0.640
Ind	YES	YES	YES	YES	YES	YES
Bondtype	YES	YES	YES	YES	YES	YES
Cra	YES	YES	YES	YES	YES	YES
Year	YES	YES	YES	YES	YES	YES

违约距离(Ddmerton)衡量违约风险，违约距离越大，违约风险越低。表 8-4 的列(5)中，ESG 系数为 0.383，通过了 1%的显著性检验，即 ESG 评级与违约距离呈正相关，ESG 评级越高，发债企业的违约风险越低，更容易获得较低的融资成本。列(6)

显示，在控制 Ddmerton 后，ESG 对于 Spread 系数为－0.078，Ddmerton 系数为－0.013，均在 1%的水平上显著，表明 ESG 会降低违约风险来降低信用利差。

8.3 结论

本章研究了发债主体与债券信用评级、信用利差的关系，发现 ESG 评级与主体信用评级和信用利差存在显著相关性，能够有效衡量上市公司的融资成本与信用风险。统计结果表明，ESG 评级较高的债券，信用评级更高、信用利差更低，ESG 每提升一个等级，信用利差能够下降 8 个基点，高 ESG 评级企业发行的债券具有明显的“绿色溢价”特征。进一步发现，ESG 评级较高的债券，信息透明度更高、融资约束程度更低、违约风险更低，表明 ESG 评级可以有效鉴别信用风险较高的债券。

绿色债券溢价

- 本章研究绿色债券在一级市场发行及二级市场流通中的溢价问题，发现一级市场中的第三方绿色认证指标与绿色债券在一级市场的发行溢价存在显著相关性。除此之外，绿色债券在二级市场的溢价随时间的推移越来越显著。

9.1 变量定义

如表 9-1 所示，核心解释变量为绿色债券虚拟变量(green)，绿色债券取 1，非绿债券取 0。借鉴张丽宏等(2021)对信用利差的定义，取被解释变量为季度收益率利差(y_premium)，即每个季度最后一天的到期收益率减去相同期限的国债到期收益率。

表 9-1　变量说明

变量名	变量符号	变量定义
绿色溢价	y_premium	债券季度末到期收益率－同期限国债收益率
票面利率(当期)	coupon_rate	债券发行日的票面利率
是否绿色	green	绿色债券取 1，普通债券取 0
是否认证	certified	经过独立认证取 1，反之取 0
是否有担保	secured	有担保取 1，无取 0
发行方式	ipotype	公募取 1，非公募取 0
债项评级	rate	A－取值为 1，A 取值为 2，A＋取值为 3，AA－取值为 4，AA 取值为 5，AA＋取值为 6，AAA 取值为 7
主体评级	firmrate	同上，A－～AAA 取值 1～7
发行规模	logsize	取实际发行总额(亿元)的自然对数
发行期限	issterm	取债券发行期限(年)的自然对数

续表

变量名	变量符号	变量定义
债券期限	logmaturity	不含权和含权剩余期限取小的自然对数
是否上市公司	list	上市公司取1,反之取0
是否国有企业	soe	国有企业取1,反之取0

9.2 样本与数据

从Wind金融终端选取企业债、公司债、中期票据、短期融资券、定向工具,确保覆盖2018—2021年内存续的所有个券,剔除资产支持债券,剔除不随时间变化的属性变量缺失的样本,得到17789个债券季度观测值的面板数据,其中包含672只绿色债券。

由于中国债券市场中少有发行人同时发行绿色债券和普通债券,通过直接匹配所得债券样本数量较少,因此将样本债券分为处理组和对照组,采取PSM模型匹配法分别测度绿色债券在一级市场和二级市场中的溢价水平。

9.3 实证分析

9.3.1 一级市场溢价

(1)通过 PSM 模型验证发行溢价

采用 2021 年 12 月的截面数据,并通过债项评级(rate)、发行规模(logsize)和发行期限(issterm)三项指标进行 PSM 模型匹配。剔除缺失值后的样本包括 17789 只债券,其中含 672 只绿色债券。如表 9-2、图 9-1 所示,采用 1∶4 最近邻方法和半径匹配方法,最近邻所得绿债溢价 23 个基点,半径匹配所得绿债溢价 33 个基点,前者平衡性检验更合理。

表 9-2 一级市场 PSM 模型结果

变量	最近邻 1∶4 匹配				半径匹配			
	T	C	Diff	SE	T	C	Diff	SE
Unmatched	4.552	4.884	−0.332***	0.052	4.552	4.884	−0.332***	0.052
ATT	4.552	4.782	−0.229***	0.052	4.552	4.882	−0.330***	0.049
ATU	4.884	4.610	−0.274		4.884	4.553	−0.332	

续表

变量	最近邻 1：4 匹配				半径匹配			
	T	C	Diff	SE	T	C	Diff	SE
ATE			−0.272				−0.332	

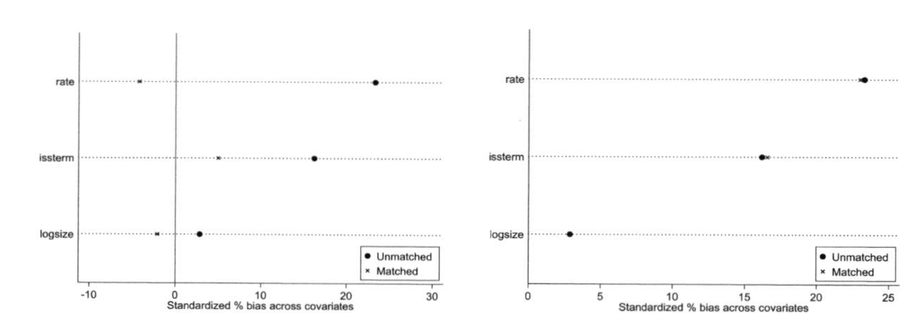

图 9-1　一级市场溢价 PSM 平衡性检验

(2)一级市场溢价机制分析

进一步检验第三方认证是否对绿债的一级市场溢价产生影响，核心解释变量为 green，被解释变量为一级市场债券发行日的票面利率 coupon_rate。插入绿色债券和第三方认证变量的交乘项，一级市场回归结果(见表 9-3)认为，一级市场中含有第三方认证的绿色债券能够获得更加显著的绿色溢价。

表 9-3　一级市场回归结果

变量	(1)	(2)	(3)	(4)
	coupon_rate	coupon_rate	coupon_rate	coupon_rate
green	−0.297*** (0.054)	−0.115*** (0.04)	−0.03 (0.067)	0.014 (0.05)
green * certified			−0.739*** (0.11)	−0.359*** (0.082)

续表

变量	(1)	(2)	(3)	(4)
	coupon_rate	coupon_rate	coupon_rate	coupon_rate
secured		0.142*** (0.032)		0.144*** (0.032)
ipotype		−0.262*** (0.024)		−0.264*** (0.024)
rate		−0.283*** (0.019)		−0.283*** (0.019)
firmrate		−0.567*** (0.018)		−0.566*** (0.018)
logsize		−0.149*** (0.013)		−0.15*** (0.013)
issterm		0.561*** (0.02)		0.556*** (0.02)
logmaturity16		−0.085*** (0.011)		−0.086*** (0.011)
list		−0.222*** (0.027)		−0.221*** (0.027)
soe		−0.738*** (0.033)		−0.736*** (0.033)
_cons	4.92*** (0.01)	10.558*** (0.082)	4.92*** (0.01)	10.558*** (0.082)
Observations	16824	16824	16824	16824
R-squared	0.002	0.45	0.004	0.451

9.3.2 二级市场溢价

(1)二级市场溢价检验

采用2021年12月的截面数据通过债项评级(rate)、发行规模(logsize)和债券期限(logmaturity)三项指标进行PSM模型匹配。如表9-4、图9-2所示，剔除前述缺失值，样本为16841只债券，其中包含619只绿色债券。采用1∶4最近邻方法和半径匹配方法，最近邻所得绿债溢价9个基点。半径匹配所得绿债溢价38个基点，与最近邻法结果相差较大，且并未通过平衡性检验，即绿色债券二级市场溢价为9个基点。

表9-4　二级市场PSM模型结果

	最近邻1∶4匹配				半径匹配			
	T	C	Diff	SE	T	C	Diff	SE
Unmatched	0.135	0.539	−0.405***	0.203	0.135	0.539	−0.405***	0.203
ATT	0.135	0.229	−0.094***	0.039	0.135	0.519	−0.384***	0.046
ATU	0.535	0.192	−0.343		0.535	0.135	−0.400	
ATE			−0.334				−0.399	

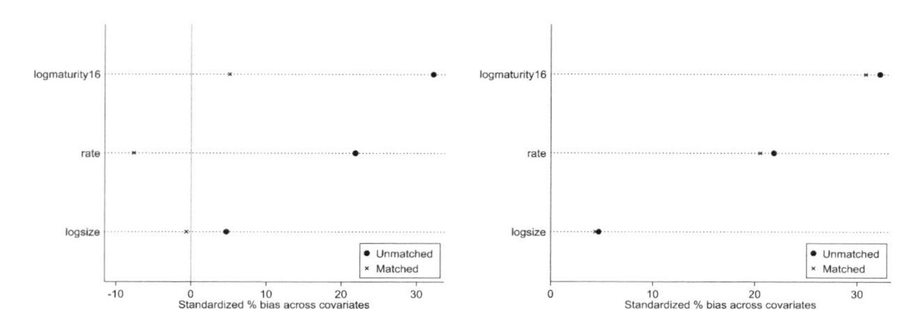

图 9-2　二级市场溢价 PSM 平衡性检验

(2)二级市场多年度截面回归

将债券二级市场样本数据分年度进行截面回归对比，选择被解释变量绿色溢价 y_premium，变量 logmaturity4、logmaturity8、logmaturity12 分别为 2018、2019 及 2020 年末时债券剩余期限的自然对数(含权和不含权取小)，得到表 9-5 的回归结果。结果显示，随着我国绿色债券市场的成熟，投资者对绿色债认识的加深，在 2018—2020 年绿色溢价呈现出一个越来越显著的变化过程。

表 9-5　二级市场多年度截面回归结果

变量	(1)	(2)	(3)
	2018	2019	2020
green	−0.19 (0.157)	−0.222** (0.092)	−0.392*** (0.117)
certified	−0.04 (0.271)	0.023 (0.162)	0.234 (0.204)
secured	0.238*** (0.071)	0.076 (0.052)	0.016 (0.07)

续表

变量	(1)	(2)	(3)
	2018	2019	2020
ipotype	0.227** (0.104)	0.549*** (0.052)	0.628*** (0.056)
rate	−0.5*** (0.039)	−0.355*** (0.029)	−0.387*** (0.04)
firmrate	−0.452*** (0.037)	−0.34*** (0.028)	−0.385*** (0.039)
logsize	0.207*** (0.035)	0.28*** (0.022)	0.423*** (0.028)
issterm	0.314*** (0.082)	0.754*** (0.041)	0.826*** (0.048)
coupon_rate	0.04** (0.019)	−0.002 (0.013)	0.028* (0.017)
logmaturity4	−0.291*** (0.046)		
logmaturity8		−0.397*** (0.026)	
logmaturity12			−0.294*** (0.03)
list	−0.158* (0.081)	−0.06 (0.048)	0.103* (0.061)
soe	−0.629*** (0.104)	−0.435*** (0.062)	−0.482*** (0.074)
_cons	6.623*** (0.29)	3.367*** (0.198)	3.093*** (0.249)
Observations	4026	7203	11989
R-squared	0.287	0.254	0.134

9.4 结论

通过PSM模型实证发现绿色债券发行到期收益率较普通债券低23个基点，同时认为一级市场中第三方绿色认证的存在对降低绿色债券融资成本有显著影响。随后控制一级市场变量，二级市场样本回归结果表明绿色债券收益率利差平均较其所匹配的普通债券收益率利差低9个基点，再次验证绿色债券有助于降低企业融资成本。最后，将二级市场样本进行多年度截面回归分析，发现2018—2020年绿色溢价随着时间的推移越来越显著，市场表现出逐渐学习和熟悉的过程。

10

绿色债券指数存在超额收益

• 本章选取具有代表性的绿色债券指数与一般债券指数，计算出具体的市场表现指标进行对比，发现所观察的绿色债券指数年化收益率比一般债券指数更高。随着绿色债券市场发展更加稳健，绿色债券指数的年化夏普比率、最大回撤率和年化卡玛比率比一般债券低的情况出现明显改善。

10.1　绿色债券指数样本选取与说明

选取目前市场上具备代表性的两组不同的指数：绿色债券指数和ESG债券指数，探究相较于一般债券指数，绿色债券指数是否存在超额表现。

第一组指数包含中债-综合财富（总值）指数、中债-中国绿色债券指数财富（总值）指数、中债-中国绿色债券精选财富（总值）指数。本章均选取财富指数作为比较对象，是因为财富指数考虑了现金流再投资，更适合用来做业绩比较。

三个指数在样本选取上属于由宽到窄的包含关系，其绿色属性逐步增强、绿色界定标准逐步严格，同时在指数的计算上均以样本市值加权，计算逻辑相同，具备可比性。中债-综合财富（总值）指数是反映人民币债券市场价格走势的宽基指数，包含了除资产支持证券、美元债券、可转债之外，在境内债券市场公开发行的债券，主要包括国债、政策性银行债券、商业银行债券、中期票据、短期融资券、企业债、公司债等；中债-中国绿色债券指数财富（总值）指数的成份券是满足《绿色债券支持项目目录（2021版）》、《绿色债券原则（2021版）》（Green Bond Principles

2021)和《气候债券标准》(Climate Bonds Standard)其中之一，包括但不限于地方政府债、政策性银行债券、政府支持机构债、公司债券、企业债券、中期票据、短期融资券、超短期融资券、商业银行债券、国际机构债券；中债-中国绿色债券精选财富(总值)指数成份券需要同时满足《绿色债券支持项目目录(2015 年版)》、《绿色债券发行指引》、《绿色债券原则(2015 版)》(Green Bond Principles 2015)、《气候债券标准》(Climate Bonds Standard)四个标准，包括但不限于公开发行的绿色金融债券、政策性银行债、企业债、公司债、中期票据。

第二组指数包含中债-信用债总财富(总值)指数、中债-高信用等级债券财富(总值)指数、中债-ESG 优选信用债财富(总值)指数。

三个指数均属于信用债指数，在指数的计算上面均以样本的市值加权，计算逻辑相同。其中中债-信用债总财富(总值)指数为境内信用类债券市场价格走势情况的宽基指数，涵盖的信用债样本最全面，包括企业债、公司债、商业银行债、短期融资券和中期票据等，均为由企业在境内债券市场公开发行的债券；中债-高信用等级债券财富(总值)指数成份券由主体评级 AA 级及以上的信用类债券组成，主要包含中央企业债、地方企业债、中期票据、短期融资券、公司债；中债-ESG 优选信用债财富(总值)指数成份券由待偿期不短于 1 个月、中债市场隐含评级不低于 AA 级[含 AA(2)]、在境内公开发行且上市流通的中债 ESG

评价排名靠前的发行人所发行的信用债组成，主要包含企业债券、公司债券、商业银行债券、非银行金融机构债券、超短期融资券、短期融资券、中期票据、证券公司短期融资券、政府支持机构债。

中债-高信用等级债券财富（总值）指数与中债-ESG优选信用债财富（总值）指数的样本券的选择标准不同，不存在相互包含关系，但由于两个指数均以“高等级”[AA及以上，含AA(2)]信用作为样本选取标准，因此在该维度下可以进行比较。

10.2 绿色债券指数市场表现指标的计算

10.2.1 绿色债券指数市场表现指标说明

分别选取中债-综合财富（总值）指数、中债-中国绿色债券指数财富（总值）指数、中债-中国绿色债券精选财富（总值）指数从2010年1月4日至2022年8月31日的数据和中债-信用债总财富（总值）指数、中债-高信用等级债券财富（总值）指数、中债-ESG优选信用债财富（总值）指数从2018年9月3日至2022年8月31日的数据作为样本，使用Wind提供的函数计算年化平均收益率，修正年化收益率、年化波动率、年化夏普比率、最大回撤率和年化卡玛比率。

研究发现，绿色债券指数成份债券的剩余期限往往大于综合债券指数成份债券的剩余期限（见表 10-1），为了最大限度消除指数平均剩余期限对债券收益率的影响，本章用线性插值法在计算出的年化收益率的基础上减去对应期限的国债收益率，得到修正的年化收益率。此指标可以更清楚地反映“绿色”属性对债券指数年化收益率的影响。

表 10-1　中债各类指数平均剩余年限

	平均剩余年限（2010-01-04 起）	平均剩余年限（2018-09-03 起）	平均剩余年限（2021-01-01 起）
中债-综合财富（总值）指数	5.22		5.78
中债-中国绿色债券指数财富（总值）指数	5.81		6.77
中债-中国绿色债券精选财富（总值）指数	6.30		6.84
中债-信用债总财富（总值）指数		2.21	2.12
中债-高信用等级债券财富（总值）指数		2.52	2.42
中债-ESG 优选信用债财富（总值）指数		2.97	2.86

对测算区间也进行了划分，2015—2020 年是我国绿色债券市场快速发展时期，随着市场参与者逐渐增加，债券种类分布、期限分布、主体性质分布等逐年多元化，各年度的收益率表现也出现较大变化，这段时期绿色债券指数的波动性较高；从 2021

年起至今，该阶段我国绿色债券市场顶层设计更加完善，绿色债券发行结构与国际通行标准趋于一致[①]，因此，选择 2021 年作为分割年份，选取了上述各指数从 2021 年 1 月 1 日至 2022 年 8 月 31 日的数据作为补充样本，并计算了相对应的指标。

10.2.2 绿色债券指数市场表现指标计算过程

(1)年化收益率

收益率是指债券投资的回报率，代表净利润占使用的平均资本的百分比。年化收益率计算步骤如下。

①将指定区间以“周”为周期分割为 N 个样本区间，舍去不完整的周期，剔除整个周期都为停牌的数据点。

②获取每个区间最初一个交易日的前收盘价 BP_i 和最末一个交易日的收盘价 EP_i。

③使用“对数收益率”作为收益率计算方式，以“$\ln(\mathrm{EP}_i/\mathrm{BP}_i)$”作为区间内的收益率 R_i。

④根据平均收益率公式“平均收益率$=\sum R_i/N$”计算得到期间平均收益率。

⑤进行年化处理，使用公式“年化收益率=(1+期间平均收

① 2021 年 4 月，《绿色债券支持项目目录(2021 年版)》正式发布，新版目录统一了绿色债的标准及用途，逐步实现了与国际通行标准和规范的接轨。

益率)$^{M}-1$”,其中 M=52,代表每一年中大约有 52 个周存在交易现象。

(2)修正年化收益率

年化收益率修正步骤如下：

①根据债券指数在样本区间内每一个交易日的剩余期限，计算出整个样本区间内的平均剩余期限。

②根据债券指数样本区间内每一个交易日的不同期限国债收益率,计算出整个样本区间内不同期限的国债平均收益率。

③利用线性插值法,计算出平均剩余期限对应的国债平均收益率。

④在年化收益率的基础上减去上一步得到的国债平均收益率,得到修正后的年化收益率。

(3)年化波动率

年化波动率用于衡量投资标的的风险。波动率越大,说明随着市场的变动涨跌就越剧烈,风险也就越大。年化波动率计算步骤如下。

①将指定区间以“周”为周期分割为 N 个样本区间,舍去不完整的周期,剔除整个周期都为停牌的数据点。

②使用“对数收益率”作为收益率计算方式,计算指定区间的平均收益率 R_i。

③利用公式“平均收益率标准差$=\{[(R_i-\sum R_i/N)^2]/(N-1)\}^{0.5}$”计算得到期间波动率。

④利用公式“年化波动率＝期间波动率×$M^{0.5}$”对期间波动率进行年化处理，得到年化波动率。一般认为证券价格的变化服从广义维纳过程，每一周的收益率是独立同分布的随机变量，因此年化波动率是期间波动率乘以根号 M，其中 M＝52。

（4）年化夏普比率

夏普比率（Sharpe ratio）是绩效评价标准化指标，反映了投资者对某个指数进行投资时每承受一单位总风险产生的超额收益。夏普比率本质上是一个风险调整后的收益率，可以综合考虑收益和风险，排除风险因素对绩效评估的不利影响。由于绿色债券指数的久期偏大，导致了较高的收益率和波动率，因此夏普比率能够更有效地反映绿色债券指数是否能为投资者带来稳定的超额收益。

为了保证口径一致，本章计算了年化夏普比率。本章使用公式“年化夏普比率＝（年化收益率－无风险收益率）/年化波动率”来计算该指标，其中无风险收益率采用的是十年期国债收益率。

（5）最大回撤率

最大回撤率是指从统计周期内的指数点数最高的时点往后推，当指数点数回落到最低点时，指数收益率的回撤幅度。最大回撤率是一个重要的风险指标。

使用公式“最大回撤率＝$\mathrm{Min}\{(X_i - X_j)/X_j\}$”来计算该指标，其中 X_i、X_j 为所选区间内所有的指数每日收盘价，其中 $i > j$，即 X_i 对应的收盘价日期必须在 X_j 的后面。

(6)年化卡玛比率

卡玛比率(Calmar ratio)是年化收益率与同期最大回撤率的比值，反映了每承担一单位回撤损失时能获得的收益。为保证口径一致，使用公式“年化卡玛比率＝统计区间年化收益率/abs(统计区间最大回撤率)[①]”来计算该指标，其中统计区间包含区间首日和尾日。

10.2.3 绿色债券指数市场表现指标计算结果

当样本区间设置为2010年1月4日至2022年8月31日时，中债-中国绿色债券指数财富(总值)指数和中债-中国绿色债券精选财富(总值)指数的年化收益率、修正年化收益率、年化波动率和最大回撤率均高于中债-综合财富(总值)指数(见表10-2、图10-1)，说明即使剔除了剩余年限的因素，绿色债券指数也能够带来一定程度的超额收益，但是风险也会随着久期增加而变大。通过计算年化夏普比率可知，绿色债券指数的年化夏普比率高于综合债券指数，说明绿色债券不仅能够提供较高的年化收益率，更能以较高的收益-风险比为投资者提供稳定回报。

① abs()为绝对值函数，用于计算括号内指定数值的绝对值。

表 10-2 综合债券指数与绿色债券指数对比(2010-01-04 至 2022-08-31)

指数名称	中债-综合财富(总值)指数	中债-中国绿色债券指数财富(总值)指数	中债-中国绿色债券精选财富(总值)指数
指数代码	CBA00201	CBA04901	CBA05001
年化收益率/%	4.14	4.96	4.91
修正年化收益率/%	0.96	1.76	1.68
年化波动率/%	1.70	2.17	2.35
年化夏普比率	0.89	1.08	0.97
最大回撤率/%	−3.55	−4.82	−6.00
年化卡玛比率	1.22	1.06	0.84

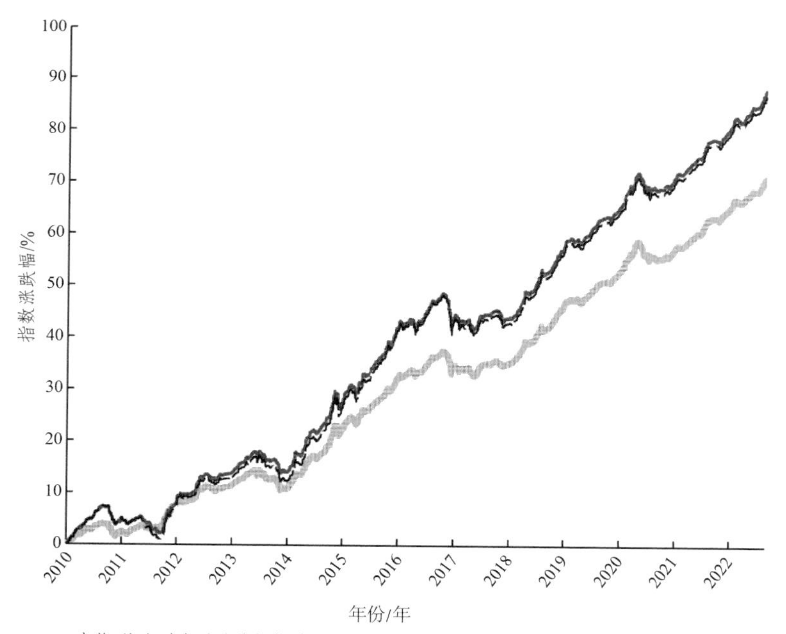

图 10-1 综合债券指数与绿色债券指数走势图

若聚焦于我国绿色债券市场不断完善、绿色债券发行结构与国际通行标准趋于一致的2021年，持有期间改设为2021年1月1日至2022年8月31日，则可观察到两个绿色债券指数在持有期间的年化收益率均高于综合债券指数（见表10-3）。绿色债券指数的修正年化收益率和年化夏普比率继续保持领先，并且年化波动率、最大回撤率和年化卡玛比率的差距有所收窄，反映出随着绿色债券市场逐步成熟，绿色债券指数表现更加稳健。持有期间改变后，所观察指数的卡玛比率均明显上升，原因是作为分母的最大回撤率在该区间内较小。

表10-3 综合债券指数与绿色债券指数对比(2021-01-01至2022-08-31)

指数名称	中债-综合财富（总值）指数	中债-中国绿色债券指数财富（总值）指数	中债-中国绿色债券精选财富（总值）指数
指数代码	CBA00201	CBA04901	CBA05001
年化收益率/%	4.97	5.73	5.71
修正年化收益率/%	2.20	2.92	2.91
年化波动率/%	1.00	1.05	1.06
年化夏普比率	2.36	2.96	2.91
最大回撤率/%	−0.48	−0.61	−0.61
年化卡玛比率	10.61	9.51	9.52

在信用债层面，当样本区间被设置为2018年9月3日至2022年8月31日时，中债-高信用等级债券财富（总值）指数和

中债-ESG 优选信用债财富(总值)指数的年化收益率和修正年化收益率均高于中债-信用债总财富(总值)指数,进一步证实了绿色债券指数能够带来超额收益(见表 10-4、图 10-2)。与上文发现相同,绿色债券指数的年化波动率、最大回撤率也出现了一定幅度的上升。绿色信用债指数的年化夏普比率和年化卡玛比率略低于综合信用债指数,反映出信用债层面的绿色债券在提供更高收益率的同时承受了更多的波动性,投资价值出现了一定幅度的下降。

表 10-4 综合信用债指数与绿色信用债指数对比(2018-09-03 至 2022-08-31)

指数名称	中债-信用债总财富(总值)指数	中债-高信用等级债券财富(总值)指数	中债-ESG 优选信用债财富(总值)指数
指数代码	CBA02701	CBA01901	CBA19601
年化收益率/%	4.39	4.64	4.79
修正年化收益率/%	1.86	2.05	2.12
年化波动率/%	0.83	0.94	1.04
年化夏普比率	2.13	2.16	2.07
最大回撤率/%	−1.18	−1.34	−1.73
年化卡玛比率	3.79	3.52	2.79

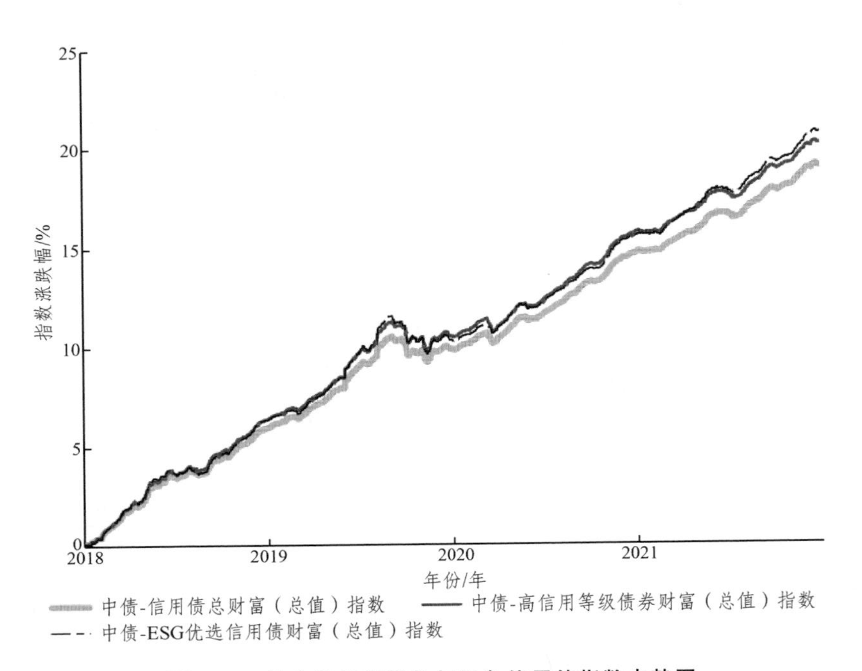

图 10-2　综合信用债指数与绿色信用债指数走势图

若将样本区间设置为 2021 年 1 月 1 日至 2022 年 8 月 31 日，则可以发现绿色信用债指数在继续保持高收益的同时，年化波动率和最大回撤率已经回落至相对更低的水平，从而带来了较高的年化夏普比率和年化卡玛比率(见表 10-5)。这说明在信用债领域，绿色债券的投资性价比也在逐步显现，能够在风险可控的条件下为投资者带来一定的超额收益。

表 10-5 综合信用债指数与绿色信用债指数对比(2021-01-01 至 2022-08-31)

指数名称	中债-信用债总财富(总值)指数	中债-高信用等级债券财富(总值)指数	中债-ESG 优选信用债财富(总值)指数
指数代码	CBA02701	CBA01901	CBA19601
年化收益率/%	4.17	4.40	4.69
修正年化收益率/%	1.75	1.93	2.15
年化波动率/%	0.55	0.63	0.66
年化夏普比率	2.79	2.84	3.13
最大回撤率/%	−0.24	−0.33	−0.27
年化卡玛比率	17.70	13.53	17.70

10.3 结论

本章探究了绿色债券指数是否存在超额收益,结果显示:第一,绿色债券指数整体表现优于普通大盘指数,呈现愈发突出的趋势。优势体现在绿色债券指数相比综合债券指数走势逐年升高,且差距逐渐拉大;绿色信用债指数相比信用债综合指数提升也更快。第二,绿色债券指数的收益率比一般债券指数收益率更高,剔除期限结构的影响后,仍然呈现更高收益率。在未剔除期限结构影响时,绿色债券指数收益率相比一般债券指数收益率最高能高出82BP；在剔除了期限结构的影响因素后，绿色债券指数收益率相比一般债券指数收益率仍能达到80BP（见表10-2）的超额收益。第三，绿色债券指数波动率同样高于一般债券指数波动率。绿色债券具有平均久期更长、流动性更弱的特征，使其对应波动率比一般债券更高，随着绿色债券市场逐渐成熟，波动率差异缩小，平均比一般债券高出5BP～11BP。第四，绿色债券指数的年化夏普比率表现略优于一般债券指数，但是最大回撤率和年化卡玛比率表现不如一般债券指数。随着绿色债券市场发展更加稳健，绿色债券指数的对应指标得到优化，绿色债券指数年化夏普比率比综合指数进一步提高，绿色债券指数的最大回撤率和年化卡玛比率出现明显改善。

11

债券型基金ESG评价

• 本章构建了债券型基金 ESG 评价体系，并对债券型基金的持仓结构、基金 ESG 评价结果，以及绿色和非绿债券型基金的风险收益表现进行了定量计算。研究发现绿色基金(包括深绿基金和浅绿基金)的收益率标准差均低于其他基金，而夏普比率高于其他基金。这说明绿色基金在抗风险能力上明显优于其他基金。而随着基金存续期的延长，绿色基金相较于其他基金在平均收益率方面的优势将扩大，绿色基金的超额收益逐渐显现(从三个月超过 0.006% 到最后超过 0.03%)。

11.1 方法论介绍

借鉴中债 ESG 评价体系，收集债券发行主体评级信息。中债 ESG 评级体包括环境绩效(E)、社会责任(S)、公司治理(G)三个分项，共包含 14 个维度、39 个评价因素、160 余个具体指标。

2021 年 12 月末，基于我国债券市场发行主体公开披露的信息，债券发行主体的 ESG 平均得分为 5.73 分。图 11-1 为中

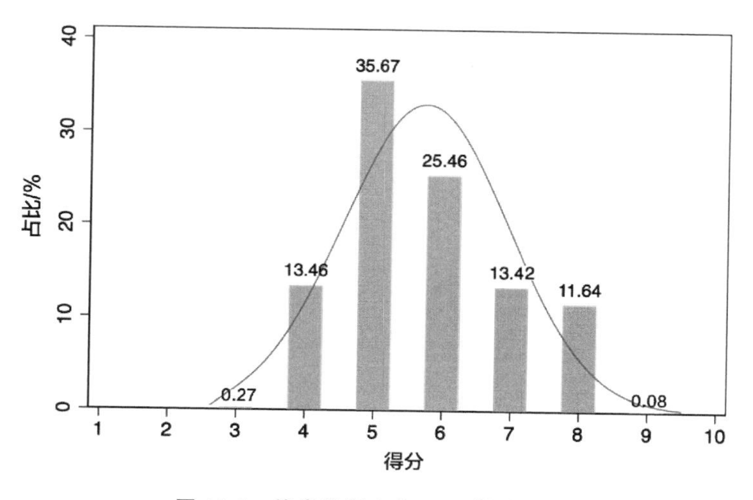

图 11-1　债券发行主体 ESG 得分分布

资料来源：中债估值中心。

债ESG评价体系下债券发行主体ESG得分的分布图，整体来看，ESG得分呈现正态分布，发行主体的ESG得分主要集中在4～8分，其中有61.13%的发行主体分数集中在5～6分。

截至2021年12月末，发债主体E、S、G三项平均分分别为5.70分、3.48分、7.05分。

基于发行主体层面ESG评分，根据持仓比例加权平均得到债券型基金的ESG得分。计算债券型基金ESG得分的具体步骤包括：首先，从Wind数据库中导出2021年四个季度的全部债券型基金产品持仓明细（包括持仓债券的代码和份额占比等），四个季度共17839条记录，统计到的四个季度的基金数分别为3602只、3787只、4011支和4288只；其次，根据债券型基金持仓明细（持仓债券的代码和份额占比等）与中债的债券ESG评价结果相匹配，共匹配到9083条数据；最后，按照持仓份额加权计算得到每只债券基金的ESG得分，并根据匹配到的总持仓份额对ESG得分进行标准化处理，得到债券基金最终ESG得分，得分取值范围为0～100，取值越大意味着ESG表现越好。具体计算公式如下：

$$\text{债券型基金}\,ESG\,\text{得分} = 10\times\frac{\sum_{i}^{n}\text{基金对债券}\,i\,\text{的持仓份额}\times\text{债券}\,i\,\text{的中债}\,ESG\,\text{得分}}{\sum_{i}^{n}\text{基金对债券}\,i\,\text{的持仓份额}}$$

11.2 债券型基金持仓结构分析

样本选定2021年第一季度，Wind基金库与中债ESG数据库匹配后，数据匹配度较好的基金共1909只，占当季度基金总数的53%。其它三季度也进行了与类似的统计分析。

11.2.1 对基金所持债券净值占比的分析

首先对这1909只基金的前十持仓总净值在基金总净值中的占比进行分析，如图11-2所示，样本中大约80%的基金前十持仓总净值占比不超过50%，中位数为34.8%。前十持仓总净值占比最高接近100%，而最低约为7%。

进而将Wind数据库与中债ESG数据库进行匹配，剔除每只基金前十持仓中无法匹配的债券，得到用来计算分析的基金持仓结构。对剔除过的基金持仓债券总净值在基金总净值中的占比进行分析。如图11-3所示，发现样本中几乎所有基金的持仓债券总净值占比都没有超过50%，中位数为13.8%。用于计

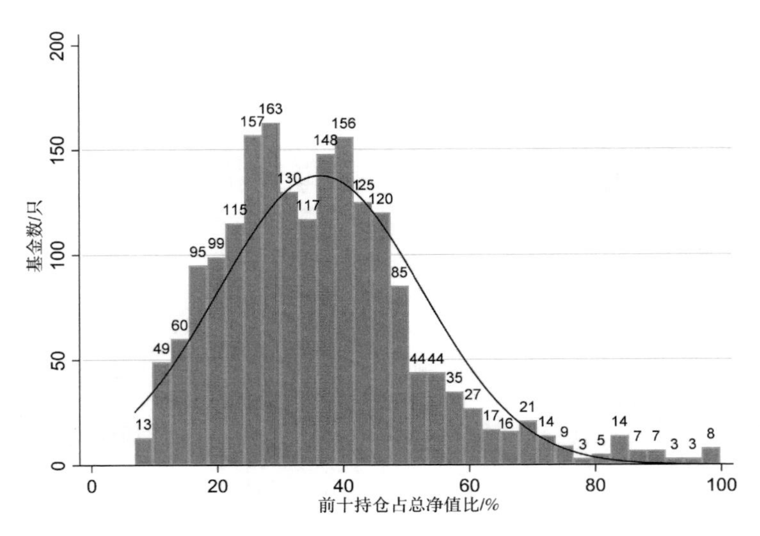

图 11-2 基金前十持仓债券总净值占基金总净值比

算的持仓债券总净值占比最高接近 68%，而最低约为 0.3%。

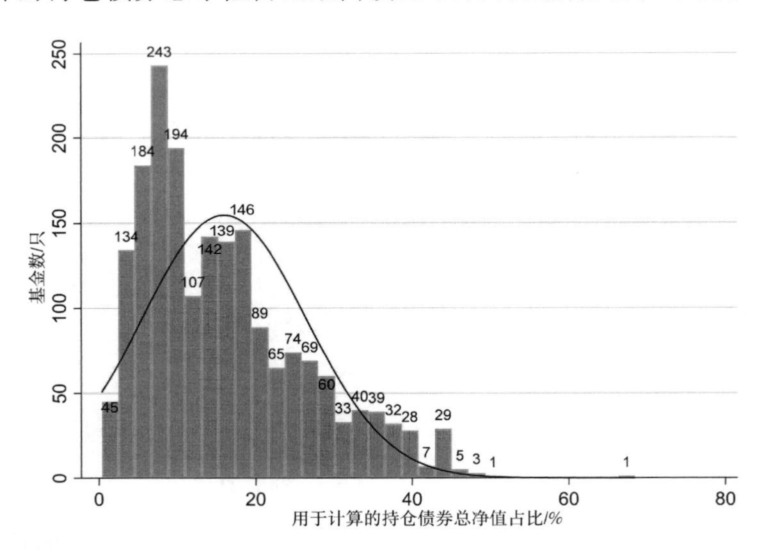

图 11-3 匹配后基金剩余的前十持仓债券总净值占基金总净值比

虽然经过匹配后，用来计算的基金持仓占比下降较大，但从图中可以看出二者的分布情况依旧相同，因此依然可以作为基金前十持仓的替代变量做进一步分析。同时，持仓比重的下降也说明了对基金 ESG 评分进行标准化的必要性。

11.2.2 对基金所持不同分数段债券的统计分析

经过匹配后 1909 只基金保留的仓位数共计 4948 个，占前十持仓总仓位数的 26%。2012 只债券分布在这 4948 个仓位中。从债券个数来看，数量最多的是 5 分债券，其次是 6 分和 4 分债券；从各分数段债券占有的仓位数来看，5 分债券占据了匹配到的仓位数的 1/3 左右，之后是 7 分和 6 分债券。具体统计描述如表 11-1 所示。

表 11-1 样本基金所持债券统计分析

债券得分	3 分	4 分	5 分	6 分	7 分	8 分	总计
债券数	3	374	815	375	360	85	2012
仓数	11	771	1673	887	1289	317	4948
需求强度（仓数/债券数）	3.67	2.06	2.05	2.36	3.58	3.73	2.46

续表

债券得分	3 分	4 分	5 分	6 分	7 分	8 分	总计
仓位数第一	19 恒大 01	19 中国华融债 01（品种一）	19 鞍钢集 MTN001	19 中油股 MTN 002	19 浦发银行小微债 01	20 华夏银行	
仓位数	5	12	10	16	47	54	144
仓位数第二	17 晋圣 01	20 大连万达 MTN001	20 汇金 MTN 010A	17 农业银行二级	19 交通银行 01	18 申宏 02	
仓位数	4	11	9	12	45	16	97
仓位数第三	20 新汶 01	18 成都开投 MTN002	19 广州银行绿色金融债	19 中油股 MTN 001	19 交通银行 02	19 兴业 G1	
仓位数	2	9	8	12	22	10	63
前三持仓总数	11	32	27	40	114	80	304
前三持仓占总仓数比	100%	4.2%	1.6%	4.5%	8.8%	25.2%	6.1%

数据来源：Wind 数据库，中债 ESG 数据库。

11.3 债券型基金 ESG 评价结果分析

11.3.1 债券型基金 ESG 得分的整体分布

考虑到债券型基金每个季度会公布业绩和持仓变化情况，计算四个季度的债券型基金 ESG 得分，如图 11-4 所示，每个季度分别得到 1909、2121、2419、2634 只基金的 ESG 得分。

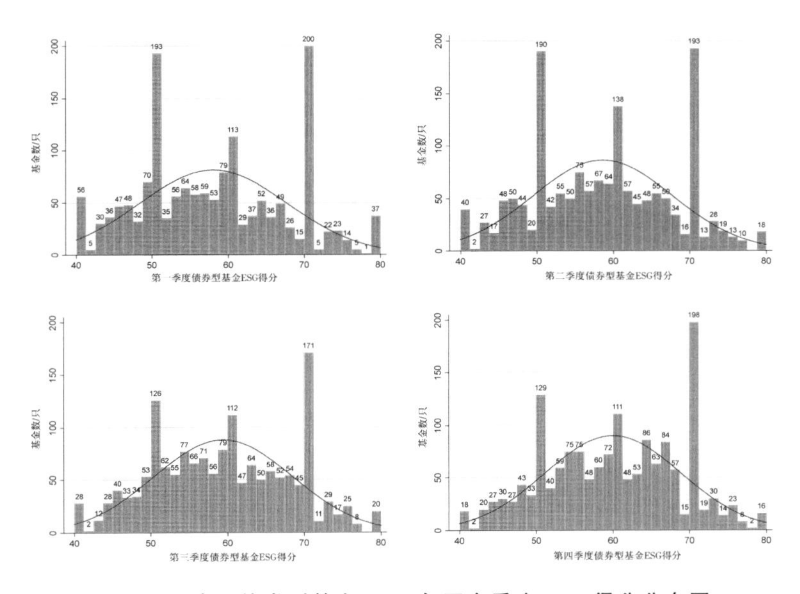

图 11-4　我国债券型基金 2021 年四个季度 ESG 得分分布图

为了便于对比债券型基金的季度变化情况，对四个季度的数据进行合并，保留每个季度均有得分的基金，合并删减后每个季度有 1585 只债券型基金。每个季度的 ESG 得分整体呈现正态分布，且均值呈现稳定的上升趋势（见图 11-5）。

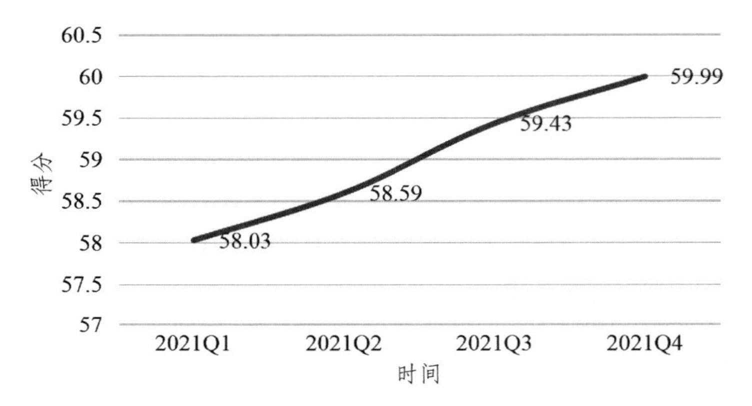

图 11-5　债券型基金 2021 年四个季度 ESG 得分均值变化

11.3.2 债券型基金的 ESG 评级结果分析

参考欧盟标准，根据基金的 ESG 评分进行分类，若分为“深绿基金”，即意味着基金在 ESG 投资方面表现优秀，若分为“浅绿基金”，即意味着基金在 ESG 投资方面超过平均水平，若分为“其他基金”则表示基金在 ESG 投资方面低于平均水平。以 63 分和 70 分作为浅绿和深绿的临界值，对基金 ESG 表现进行分类，结果如表 11-2 所示。

表 11-2 基金 ESG 表现分类

单位：只

时间	深绿基金数量	浅绿基金数量	其他基金
2021Q1	142	366	1077
2021Q2	148	381	1056
2021Q3	171	404	1010
2021Q4	172	476	937

数据显示，2021 年第一季度，共有 142 只深绿基金（占比 8.96%），366 只浅绿基金（占比 23.09%），所有绿色基金总数为 508 只（占比 32.05%）。随后，深绿基金和浅绿基金总数稳步上升，绿色基金占所有基金比重持续增长，四个季度比重分别为 32.05%、33.38%、36.28%、40.88%。

11.4 债券型基金的 ESG 评价与其风险、收益关系分析

对 2021 年四个季度的所有基金的收益率标准差（用来衡量收益波动）、夏普比率（衡量风险收益比率）以及平均收益率（衡量收益水平）进行收集和匹配，结果如图 11-6 所示。

从收益波动来看，债券型绿色基金（含深绿、浅绿基金）的收

益率标准差始终低于其他基金，这说明在债券型基金中，绿色基金的收益波动整体上要小于其他基金，2021 年全年合计低 5 个百分点。整体而言，债券型绿色基金的收益波动率更低，收益更稳定。

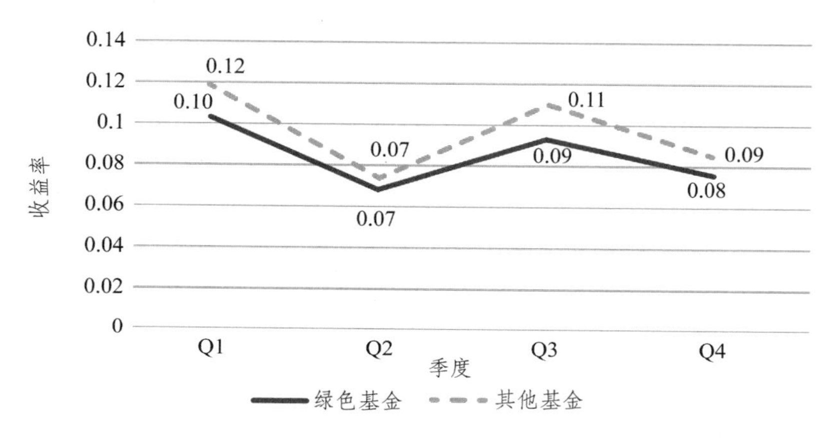

图 11-6　2021 年四个季度债券型绿色基金与债券型其他基金收益波动对比

夏普比率(Sharpe ratio)是基金绩效评价标准化指标，这一指标同时对收益与风险加以综合考虑，是衡量基金相对无风险利率的收益情况的指标。夏普比率=(年化收益率－无风险利率)/组合年化波动率，基金的夏普比率越大越好，夏普比率数值越大代表基金所承受的风险能够获得的回报越高。

图 11-7 显示，债券型绿色基金的夏普比率始终高于债券型其他基金，四个季度累计高出 18 个百分点，平均每个季度高 4.5%。这说明前者在承受相同风险的情况下，业绩表现更好，可以获得更多的回报，即债券型绿色基金的抗风险能力更强。

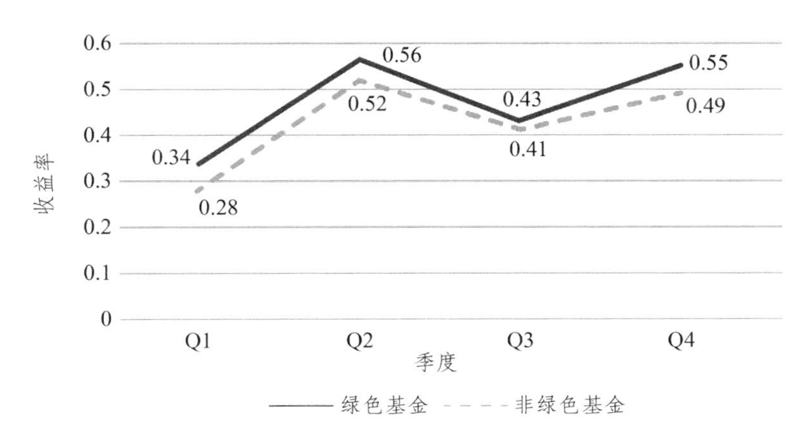

图 11-7　2021 年四个季度债券型绿色基金与债券型其他基金风险夏普比率对比

为了进一步验证债券型基金 ESG 评价结果与收益率之间的关系，采用 2021 年最后一季度的基金 ESG 得分，分别与三个月、六个月、九个月、十二个月、两年与成立以来的基金平均收益率进行匹配。图 11-8 显示，整体而言，绿色基金（含深绿、浅绿基金）的平均收益率整体上要高于其他基金收益率。从时间期限来看，随着时间的推移，绿色基金的平均收益率超过其他基金的程度会逐渐增大，从三个月超过 0.006％到最后超过 0.03％。

整体而言，债券型绿色基金相对于其他基金而言，具有更低的收益波动性、更强的风险补偿能力，其平均收益率与其他基金相比虽然在刚开始时并没有明显优势，但随着存续期的延长，其优势会随之增强，最终获得超额收益。

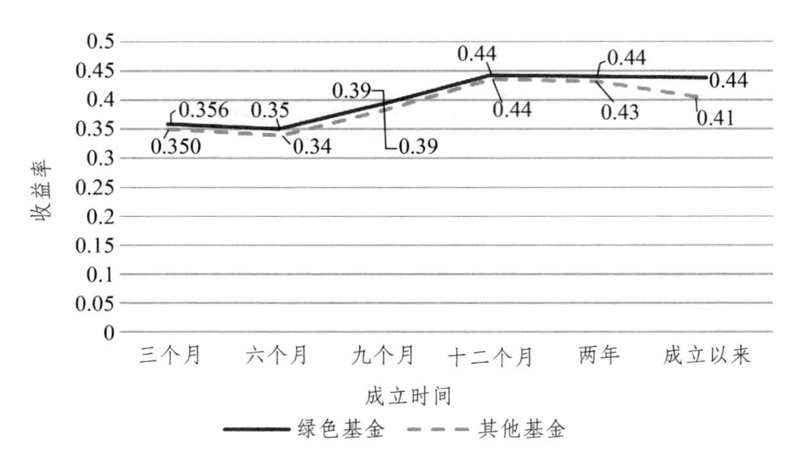

图 11-8　债券型绿色基金与债券型其他基金超额收益对比

11.5　结论

通过构建债券型基金 ESG 评价体系，并对债券型基金的持仓结构、基金 ESG 评价结果，以及绿色和非绿债券型基金的风险收益表现进行了定量计算。研究发现：

第一，债券主体的 ESG 得分越高，基金越倾向于持有该债券。

第二，债券型基金 ESG 得分整体呈现正态分布，且基金的 ESG 平均得分在 2021 年四个季度里稳定上升，从 58 分左右逐季增加至接近 60 分。

第三，以基金 ESG 得分的八十五分位数（70 分）与六十五分位数（63 分）为界，将基金分为深绿、浅绿和其他基金后发现，深绿基金和浅绿基金在所有债券型基金中的占比持续上升，从 2021 年第一季度的 32.05%增加至 2021 年第四季度的 40.88%。

第四，在 2021 年四个季度里，绿色基金（深绿与浅绿基金总和）的收益率标准差均低于其他基金，而夏普比率高于其他基金，说明绿色基金在抗风险能力上明显优于其他基金。而随着基金存续期的延长，绿色基金相比其他基金在平均收益率方面的优势将扩大，绿色基金的超额收益逐渐显现。

参考文献

白雄，朱一凡，韩锦绵，2022. ESG 表现、机构投资者偏好与企业价值[J].统计与信息论坛，37(10)：117-128.

高杰英，褚冬晓，廉永辉，等，2021. ESG 表现能改善企业投资效率吗？[J]. 证券市场导报(11)：24-34，72.

黄珺，汪玉荷，韩菲菲，等，2022. ESG 信息披露：内涵辨析、评价方法与作用机制[J].外国经济与管理，44(11)：1-17.

黄世忠，2022. ESG 报告的“漂绿”与反“漂绿”[J].财会月刊(1)：3-11.

李慧云，刘倩颖，李舒怡，等，2022. 环境、社会及治理信息披露与企业绿色创新绩效[J].统计研究，39(12)：38-54.

李瑾，2021. 我国 A 股市场 ESG 风险溢价与额外收益研究[J].证券市场导报(6)：24-33.

李井林，阳镇，陈劲，等，2021. ESG促进企业绩效的机制研究：基于企业创新的视角[J].科学学与科学技术管理(9):71-89.

李井林，阳镇，易俊玲，2023. ESG表现有助于降低企业债务融资成本吗?:来自上市公司的微观证据[J].企业经济，42(2):89-99.

凌爱凡，黄昕睿，谢林利，等，2023. 突发性事件冲击下ESG投资对基金绩效的影响：理论与实证[J].系统工程理论与实践，43(5):1-26.

齐岳，赵晨辉，李晓琳，等，2020. 基于责任投资的ESG理念QDII基金的构建及绩效检测研究[J].投资研究，39(4):42-52.

邱牧远，殷红，2019. 生态文明建设背景下企业ESG表现与融资成本[J].数量经济技术经济研究，36(3):108-123.

宋科，徐蕾，李振，等，2022. ESG投资能够促进银行创造流动性吗?:兼论经济政策不确定性的调节效应[J].金融研究(2):61-79.

宋献中，胡珺，李四海，2017. 社会责任信息披露与股价崩盘风险:基于信息效应与声誉保险效应的路径分析[J].金融研究(4):161-175.

孙慧，祝树森，张贤峰，2023. ESG表现、公司透明度与企业声誉[J].软科学，37(2):1-10.

谭劲松，黄仁玉，张京心，2022. ESG表现与企业风险:基于资源获取视角的解释[J].管理科学，35(5):3-18.

陶春华，陈鑫，黎昌贵，2023. ESG评级、媒体关注与审计费用[J].会计之友，702(6)：143-151.

王爱萍，窦斌，胡海峰，2022. 企业社会责任与上市公司违规[J].南开经济研究(2)：138-156.

王晓红，栾翔宇，张少鹏，2023. 企业研发投入、ESG表现与市场价值：企业数字化水平的调节效应[J].科学学研究，41(5)：896-904，915.

王翌秋，谢萌，2022. ESG信息披露对企业融资成本的影响：基于中国A股上市公司的经验证据[J].南开经济研究(11)：75-94.

吴珊，邹梦琪，2022. 社会责任文本信息披露是否具有价值保护效应：基于企业违规处罚冲击的研究场景[J].现代财经(天津财经大学学报)，42(9)：76-93.

项东，魏荣建，2022. ESG信息披露、媒体关注与企业绿色创新[J].武汉金融(9)：61-71.

谢红军，吕雪，2022. 负责任的国际投资：ESG与中国OFDI[J].经济研究，57(3)：83-99.

袁业虎，熊笑涵，2021. 上市公司ESG表现与企业绩效关系研究：基于媒体关注的调节作用[J].江西社会科学，41(10)：68-77.

张丹妮，刘春林，2022. 违规事件下企业社会责任水平对投资者市场反应的影响研究[J].管理学报，19(9)：1288-1296.

张晶,刘学昆,2022. ESG评分影响公司债券在险价值的实证研究[J].投资研究,41(11):25-43.

张丽宏,刘敬哲,王浩,2021. 绿色溢价是否存在?:来自中国绿色债券市场的证据[J].经济学报,8(2):45-72.

张维迎,柯荣住,2002.信任及其解释:来自中国的跨省调查分析[J].经济研究(10):59-70,96.

张学勇,刘茜,2022. 碳风险对金融市场影响研究进展[J].经济学动态(6):115-130.

周方召,潘婉颖,付辉,2020.上市公司ESG责任表现与机构投资者持股偏好:来自中国A股上市公司的经验证据[J].科学决策(11):15-41.

ABATE G, BASILE I, FERRARI P, 2021. The level of sustainability and mutual fund performance in Europe: an empirical analysis using ESG ratings[J]. Corporate social responsibility and environmental management, 28(5): 1-10.

AGLIARDI E, AGLIARDI R, 2021. Corporate green bonds: understanding the greenium in a two-factor structural model [J]. Environmental & resource economics, 80(2): 257-278.

ALAN G, RAJESH T, JULIE W, 2014. Corporate social responsibility and firm value: disaggregating the effects on cash flow, risk and growth[J]. Journal of business ethics, 124(4):633-657.

ALBERTINI E，2013. Does environmental management improve financial performance? A meta-analytical review[J]. Organization & environment，26(4)：431-457.

ALEX N，2010. The institutionalization of social investment：the interplay of investment logics and investorrationalities [J]. Journal of social entrepreneurship，1(1)：70-100.

ALEXANDER K，PEER O，2007. The effect of socially responsible investing on portfolio performance[J]. European financial management，13(5)：908-922.

ALI F，MARTIN G，STEFANIE K，2017. ESG performance and firm value：the moderating role of disclosure[J]. Global finance journal，38：45-64.

ASHWIN KUMARN C，SMITH C，BADIS L，et al.，2016. ESG factors and risk-adjusted performance：a new quantitative model [J]. Journal of sustainable finance & investment，6(4)：292-300.

AUER B R，SCHUHMACHER F，2016. Do socially (ir) responsible investments pay? New evidence from international ESG data[J]. Quarterly review of economics and finance，59 (2)：51-62.

BACHELET M J，BECCHETTI L，MANFREDONIA S，2019. The green bonds premium puzzle：the role of issuer characteristics and third-party verification[J]. Sustainability，11：22.

BAKER M, BERGSTRESSER D, SERAFEIM G, et al., 2018. Financing the response to climate change: the pricing and ownership of US green bonds[R]. National Bureau of Economic Research, 10: 25194.

BANNIER C E, BOFINGER Y, ROCK B, 2019. Doing safe by doing good: ESG investing and corporate social responsibility in the U.S. and Europe[J]. CFS working paper series,621.

BECCHETTI L, CICIRETTI R, DALÒ A, et al., 2015. Socially responsible and conventional investment funds: performance comparison and the global financial crisis[J]. Applied economics, 47(25): 2541-2562.

BERG F, KOELBEL J F,RIGOBON R, 2022. Aggregate confusion: the divergence of ESG ratings[J]. Review of finance, 6: 1315-1344.

BILLIO M, COSTOLA M, HRISTOVA I, et al., 2021. Inside the ESG ratings:(dis)agreement and performance[J]. Corporate social responsibility and environmental management, 28(5): 1426-1445.

CHENG B, IOANNOU I, SERAFEIM G, 2014. Corporate social responsibility and access to finance[J]. Strategic management journal, 35(1):1-23.

CHRISTENSEN D M, SERAFEIM G, SIKOCHI A, 2022.

Why is corporate virtue in the eye of the beholder? The case of ESG ratings[J]. The accounting review，97(1)：147-175.

CHRISTOPH S，CHRISTIAN K，BERNHARD Z，2015. Corporate social responsibility and Eurozone corporate bonds：the moderating role of country sustainability[J]. Journal of banking and finance，59:538-549.

CORNELL B，2020. ESG preferences，risk and return[J]. European financial management，27(1)：12-19.

CROOK T R，KETCHEN J D J，COMBS J G，et al.，2008. Strategic resources and performance：a meta-analysis[J]. Strategic management journal，29(11):1141-1154.

DARREN D，JACQUELYN E，KAREN L，et al.，2010. Socially responsible investment fund performance：the impact of screening intensity[J]. Accounting & finance，50(2)：351-370.

DE SOUZA CUNHA F A F，SAMANEZ C P，2013. Performance analysis of sustainable investments in the Brazilian stock market：a study about the corporate sustainability index (ISE)[J]. Journal of business ethics，117(1)：19-36.

DIMSON E，KARAKAS O，LI X，2015. Active ownership[J]. Review of financial studies，28(12):3225-3268.

EL GHOULA S，GUEDHAMIB O，KWOKB C C Y，et al.，

2011. Does corporate social responsibility affect the cost of capital? [J]. Journal of banking & finance, 35(9): 2388-2406.

ELISABETH A, 2013. Does environmental management improve financial performance? A meta-analytical review[J]. Organization & environment, 26(4):431-457.

FATEMI A, GLAUM M, KAISER S, 2018. ESG performance and firm value: the moderating role of disclosure[J]. Global finance journal, 38: 45-64.

FEBI W, SCHÄFER D, STEPHAN A, et al., 2018. The impact of liquidity risk on the yield spread of green bonds[R]. Finance research letters, 27: 53-59.

FERRIANI F, NATOLI F, 2021. ESG risks in times of COVID-19[J]. Applied economics letters, 28(18):1537-1541.

FRIEDE G, BUSCH T, BASSEN A, 2015. ESG and financial performance: aggregated evidence from more than 2000 empirical studies[J]. Journal of sustainable finance & investment, 5(4): 210-233.

GIBSON B, KRUEGER P, SCHMIDT P, 2021. ESG rating disagreement and stock returns[J]. Financial analysts journal, 77(4): 104-127.

GREGORY A, THARYAN R, WHITTAKER J, 2014. Corporate social responsibility and firm value: disaggregating the effects on cash flow, risk and growth[J]. Journal of business ethics, 124: 633-657.

GRISHUNIN S, BUKREEVA A, SULOEVA S, et al., 2023. Analysis of yields and their determinants in the European corporate green bond market[J]. Risks, 11(1): 14.

GUNNAR F, TIMO B, ALEXANDER B, 2015. ESG and financial performance: aggregated evidence from more than 2000 empirical studies[J]. Journal of sustainable finance & investment, 5(4):210-233.

HARRISON H, MARCIN K, 2008. The price of sin: the effects of social norms on markets[J]. Journal of financial economics, 93 (1): 15-36.

HONG H, KACPERCZYK M, 2009. The price of sin: the effects of social norms on markets[J]. Journal of financial economics, 93: 15-36.

HUYNH, T L, RIDDER N, WANG M, 2022. Beyond the shades: the impact of credit rating and greenness on the green bond premium[J]. Available at SSRN 4038882.

HYUN S, PARK D, TIAN S, 2021. Pricing of green labeling: a comparison of labeled and unlabeled green bonds [J]. Finance research letters, 41: 101816.

IMMEL M, HACHENBERG B, KIESEL F, et al., 2021.

Green bonds：shades of green and brown[J]. Journal of asset management，22(2)：96-109.

INDERST G，STEWART F，2018. Incorporating environmental，social and governance (ESG) factors into fixed income investment[J]. World Bank Group Publications：76.

JAIN M，SHARMA G D，SRIVASTAVA M，2019. Can sustainable investment yield better financial returns：a comparative study of ESG indices and MSCI indices[J]. Risks，7(1)：1-18.

JANKOVIC I，VASIC V，KOVACEVIC V，2022. Does transparency matter? Evidence from panel analysis of the EU government green bonds[J]. Energy economics，114：106325.

JOHN P，2006. Using corporate social responsibility as insurance for financial performance[J]. California management review，48(2)：52-72.

JOSCHA N，GEORGE F，EVANGELOS M，2016. Corporate social responsibility and financial performance：a non-linear and disaggregated approach[J]. Economic modelling，52 (Part B)：400-407.

JUAN C R，ANDREA U，2020. Price connectedness between green bond and financial markets[J]. Economic modelling，88：25-38.

KANAMURA T，2020. Are green bonds environmentally friendly and good performing assets? [J]. Energy economics，88:104767.

KANNO M，2023. Does ESG performance improve firm creditworthiness? [J]. Finance research letters，55：101982.

KEMPF A，OSTHOFF P，2010. The effect of socially responsible investing on portfolio performance[J]. Cfr working papers，13(5)：908-922.

KOZIOL C，PROELSS J，ROBMANN P，et al.，2022. The price of being green[J]. Finance research letters，50：103285.

KRISTIN U，ALEKSANDAR P，ANDREAS S，2021. Drivers of green bond issuance and new evidence on the "greenium" [J]. Eurasian economic review，11(1)：1-24.

KUMAR N C ASHWIN，CAMILLE SMITH，LEÏLA BADIS，et al.，2016. ESG factors and risk-adjusted performance：a new quantitative model[J]. Journal of sustainable finance & investment，6(4)：292-300.

LEE D D，FAN J H，WONG V S H，2021. No more excuses! Performance of ESG-integrated portfolios in Australia[J]. Accounting and finance，61：2407-50.

LEINS S，2020."Responsible investment"：ESG and the post-crisis ethical order[J]. Economy and society，49(1)：1-21.

LI Y，GONG M，ZHANG X，et al.，2018. The impact of environmental, social, and governance disclosure on firm value: the role of CEO power[J]. The British accounting review, 50(1): 60-75.

LÓPEZ M V, GARCIA A, RODRIGUEZ L, 2007. Sustainable development and corporate performance: a study based on the Dow Jones sustainability index[J]. Journal of business ethics, 75(3): 285-300.

LÖFFLER K U, PETRESKI A, STEPHAN A, 2021. Drivers of green bond issuance and new evidence on the "greenium"[R], Eurasian economic review 11(1): 1-24.

LUC R, JENKE T, CHENDI Z, 2008. Socially responsible investments: institutional aspects, performance, and investor behavior[J]. Journal of banking and finance, 32(9): 1723-1742.

MACASKILL S, ROCA E, LIU B, et al., 2021. Is there a green premium in the green bond market? Systematic literature review revealing premium determinants[J]. Journal of cleaner production, 280(2): 124491.

MANSI J, GAGAN D, MRINALINI S, 2019. Can sustainable investment yield better financial returns: a comparative study of ESG indices and MSCI indices[J]. Risks, 7(1): 1-18.

MARIA J, LEONARDO B, STEFANO M, 2019. The green

bonds premium puzzle: the role of issuer characteristics and third-party verification[J]. Sustainability, 11(4): 1098.

MENDIRATTA R, VARSANI H D, GIESE G, 2020. Foundations of ESG investing in corporate bonds: how esg affected corporate credit risk and performance[R]. New York: MSCI.

MORITZ I, BRITTA, FLORIAN K, et al., 2021. Green bonds: shades of green and brown[J]. Journal of asset management, 22(2): 96-109.

NICHOLLS A, 2010. The institutionalization of social investment: the interplay of investment logics and investor rationalities[J]. Journal of social entrepreneurship, 1(1):70-100.

NOLLET J, FILIS G, MITROKOSTAS E, 2016. Corporate social responsibility and financial performance: a non-linear and disaggregated approach[J]. Economic modelling, 52: 400-407.

PÁSTOR L, STAMBAUGH R, TAYLOR L, 2020. Sustainable investing in equilibrium[J]. Journal of financial economics, 142(2):550-571.

PATHAK R, GUPTA R, 2022. Environmental, social and governance performance and earnings management: the moderating role of law code and creditor's rights[J]. Finance research letters, 47:102849.

PELOZA J, 2006. Using corporate social responsibility as insurance for financial performance[J]. California management review, 48(2): 52-72.

REBOREDO J C, UGOLINI A, AIUBE F A L, 2020. Network connectedness of green bonds and asset classes[J]. Energy economics, 86: 27.

RENNEBOOG L, HORST J T, ZHANG C, 2008. Socially responsible investments: institutional aspects, performance, and investor behavior[J]. Journal of banking and finance, 32 (9):1723-1742.

SADOK E, OMRANE G, CHUCK C, et al., 2011. Does corporate social responsibility affect the cost of capital? [J]. Journal of banking and finance, 35(9):2388-2406.

SERAFEIM G, 2015. Integrated reporting and investor clientele[J]. Journal of applied corporate finance, 27(2): 34-51.

SERAFEIM G, 2020. Public sentiment and the price of corporate sustainability[J]. Financial analysts journal, 76(2): 26-46.

SHAKIL M H, 2021. Environmental, social and governance performance and financial risk: moderating role of ESG controversies and board gender diversity[J]. Resources policy, 72:102144.

SKAIFE H A, COLLINS D W, LAFOND R, 2004. Corporate

governance and cost of equity capital[J]. Journal of quantitative & technical economics, 15(3):273-289.

STELLNER C, KLEIN C, ZWERGEL B, 2015. Corporate social responsibility and Eurozone corporate bonds: the moderating role of country sustainability[J]. Journal of banking & finance, 59: 538-549.

TAKASHI K, 2020. Are green bonds environmentally friendly and good performing assets? [J]. Energy economics, 88: 104767.

TIM V, ROBERT G, ANDREAS F, 2016. ESG for all? The impact of ESG screening on return, risk, and diversification [J]. Journal of applied corporate finance, 28(2): 47-55.

WANG Z H, LIAO K Z, ZHANG Y, 2022. Does ESG screening enhance or destroy stock portfolio value? Evidence from China[J]. Emerging markets finance and trade, 58(10): 1-15.

WOEI C, JONATHAN A, ABD H, et al., 2020. Does ESG certification add firm value? [J]. Finance research letters, 39:101593.

WONG W C, BATTEN J A, AHMAD A H, et al., 2020. Does ESG certification add firm value? [J]. Finance research letters, 39: 101593.

WULANDARI F, DOROTHEA S, ANDREAS S, et al., 2018. The impact of liquidity risk on the yield spread of green bonds[J]. Finance research letters，27：53-59.

ZHANG X K，ZHAO X X，HE Y，2022. Does it pay to be responsible? The performance of ESG investing in China[J]. Emerging markets finance and trade，58(11)：1-28.

索　引